朝日新書
Asahi Shinsho 424

数式のない宇宙論

ガリレオからヒッグスへと続く物語

三田誠広

朝日新聞出版

まえがき――文学者、小説家、詩人および数式が苦手なすべての人々に

宇宙の始まりには何があったのか。

宇宙はこれからどうなっていくのか。

宇宙とは何か。

これらの問いに明確な答えがあるわけではありません。

明確な答えがないからこそ、宇宙についての議論はどこまでも深くなっているのですし、宇宙について考えるというのは最高の楽しみだと、わたしは考えています。

わたしは小説家ですし、大学の先生もしていますので、同業の作家や、評論家や、大学の先生方（文学部の教授です）と話す機会が多いのですが、残念ながら、宇宙について語り合ったことはありません。

どうやら多くの人々が、この話題を避けているようです。

宇宙のことなど考えても、どうせ何もわからないだろうと、最初から諦めていたり、数

式で説明されたのでは頭が痛くなると、恐れている。それが文学者だけでなく、文科系の多くの一般人の実情なのだろうと思います。

でもわたしは、お酒を飲んだりしている時に、ふと、訊《き》いてみたくなります。宇宙について何も知らないというのでは、不安ではありませんか。

なぜかといえば、自分はなぜここに存在しているのか、自分がここに存在していることの意味とは何か。自分とは何か……。そういう問いに、宇宙というものはつながっているはずだからです。

わたしたちは、宇宙の中で生きています。宇宙に取り囲まれて暮らしています。

わたしという存在そのものが、1つの宇宙だといってもいいのではないでしょうか。

だからわたしは、宇宙について考えるのが好きですし、宇宙について無関心な人がいれば、その人をつかまえて、宇宙とはいったい何なのかと、語りかけずにはいられないのです。

この本は、そういうわたしの、強いモチベーションによって書かれました。

ただし、難しい話をするわけではありません。

たとえばガリレオの目の前で揺れている振り子。

パスカルの目の前にある赤ワインの上の真空。

ニュートンの頭の上から落ちてきたリンゴと、落ちてこない月。

そんなわかりやすい話をするつもりです。

この本を一冊読むだけで、宇宙というものがとても身近なものに感じられ、宇宙についてさまざまな仮説を立てた先人たちのすごさがわかり、知性をもった人間としてこの世に生まれたことを感謝したくなるような、そんな本にしたいと思っています。

これは数式のない宇宙論です。

文学者や作家や詩人のための宇宙論ですし、数式が苦手なすべての人々のための宇宙論です。

宇宙について考えるのが楽しくてたまらなくなる……。

あなたのこれからの人生を変えてしまうかもしれない、そんな一冊の本なのです。

三田《みた》誠広《まさひろ》

数式のない宇宙論・目次

プロローグ　新たな宇宙論への旅立ち

宇宙を理解したいという人間の欲望

宇宙論の話をしたいと思います。

ただし数式は一切使いません。

わたしは物理学者でも数学者でもないので、数式を見てもわかった気がしないというのが第一の理由です。読者の皆さんもたぶん、そのことにご同意いただけると思います。数式があるとめんどうだし、頭が痛くなってきますすね。

第二の理由はより根底的で重要なものです。そもそも数式を見て宇宙についてわかったつもりになるというのは、正しい認識とはいえないのではないか。数式からはいかなるイメージもわいてきません（ここでいうイメージというのは映像や図像ということではなく言葉によって喚起される表象というくらいの意味です）。イメージできないものを理解することは不可能ではないか。これがわたしの素朴な疑問です。素朴すぎる疑問といってもいいかもしれません。

現代の宇宙物理学が急速に進化しているということは承知しています。小耳にはさむ程度の知識でしかないのですが、宇宙の年齢が137億年（前後に数億年の誤差があるらしいのですが）だとほぼ確定されたとか、宇宙全体が加速度的に膨張を続けていることが判明したとか、そんなことが言われるようになったのは、最近のことです。

さらにごく最近、物質に質量を与えるヒッグス粒子という基本素粒子が発見されたらしいということが話題になりました。これで宇宙の謎が解けたといった報道もありましたが、こういった実験結果は結局のところ、数式によって解明するしかないのです。

アイザック・ニュートンが宇宙の原理を数式に表して以来、数式なしには宇宙を語れないということになってしまったようなのですが、ニュートンの万有引力の法則を示す数式や、アルベルト・アインシュタインの相対性理論を示す数式をじっとにらんでいても、何かが見えてくるわけではありません。

数式なしに宇宙を語ることはできないのか。言葉による明解なイメージで、世界を認識することはできないか。これがわたしの疑問であり、この本を書こうとしているモチベーションでもあるのですが、それが困難な試みであることは承知しています。

それでもわたしは、宇宙について語らなければならないと思っています。数式ではなく、言葉によって、宇宙を理解したい。これは人間にとって、自らの生存の意味と深く関わった重要な欲望なのです。

わたしだけではありません。多くの読者が、宇宙について関心をおもちになり、宇宙を理解したいとお考えのはずです。

宇宙は謎です。科学技術が発達した現代においても、宇宙については、まだ謎の部分が多く残されています。もちろん、現代科学がまだ解明できていない領域はほかにもたくさんあるのですが、そういったものと、宇宙の謎というものは、根本的に違います。なぜなら、わたしたち人間というものが、宇宙の内部にあり、宇宙の原理に支配されているからです。つまりわたしたち人間は、宇宙というものに《包み込まれて》いるのです。

宇宙とは何かという問題は、人間とは何か、《わたし》とは何かという問題につながっていきます。

自分とは何か。自分は何のために生きているのか。自分が生きているこの世界とはどのようなものなのか。こういう認識がなければ、生きていても、生きているという実感がないし、不安でやりきれないのではないでしょうか。

それが人間です。人間だけが、自分について考察し、世界について認識しようと試み、充分な認識が得られなければ、不安になってしまうのです。

思考し認識する能力は人間だけに与えられたものですが、だからこそ人間だけが、自分というものを意識するだけでなく、自分を《包み込んで》いる宇宙というものに興味をもつのです。

従って宇宙についての認識は、人間の生存本能とほとんど同じくらいに重要な、根源的な欲求なのです。

この文章を書きながら、わたしはいま、ブレーズ・パスカルのことを考えています。パスカルのあの有名な言葉を、読者もご存じだと思います。


人間は自然の中で最も弱い一本の葦《あし》でしかない。しかし人間は考える葦である。人間を倒すのに宇宙は武器を必要としない。一陣の風、一滴の水が、人間の命を奪う。だが宇宙が人間を滅ぼす時、人間は宇宙より高貴である。なぜなら人間は自分が限られた命しかないことを知っている。人間の無力と、宇宙の偉大さを知っている。宇宙

は人間について、何も知らない。（『パンセ』私訳）

考える葦……。

この誰もが知っている言葉は、宇宙との対峙《たいじ》という状況設定の中で述べられたものです。パスカルは浮力の法則や圧力の原理を解明した物理学者であり、気圧の変化と天候の変化が連動していることに気づき（だからこそ天気予報ではヘクトパスカルという気圧の単位が用いられます）、また確率論や位相幾何学の基礎的な概念を着想した数学者でもありました。

しかしパスカルは大学教授などではなく、彼のすべての研究は一個人としてなされたものですし、ほとんど隠遁《いんとん》するような生活の中で、生涯の大部分を神についての考察に献《ささ》げた人物です。

発表するあてもなく書かれた断片的なメモが没後に『パンセ（思考）』と呼ばれる書物として発表されたことで、パスカルは実存哲学の先駆者だと評価されています。

考える葦として、宇宙と対峙し、宇宙に闘いを挑む存在。それこそが、実存（言い換えれば《人間存在》ということです）というものの原点だと、わたしも考えています。

物理学者としてのパスカルにとって、《宇宙》とは、《自然》と同義語だといってよいと思われますが、神学者あるいは哲学者としてのパスカルにとっては、《宇宙》はすなわち、《神》そのものなのです。

わたしの頭の中に包み込まれた宇宙

わたしたちは小さな存在です。自然の前では、わたしたちは無力です。わたしたちの命には限りがあります。わたしたちが歩いて行ける範囲も限られています。パスカルの言うように、神にとっては「一陣の風、一滴の水」にすぎないものが、わたしたちにとっては大地震となり、大津波になってしまうのです。

けれどもわたしたちには、考える力が与えられています。

宇宙論とは、現在の宇宙がどうなっているかについて考察するだけのものではありません。宇宙とは何かという問いには、宇宙の始まりから、宇宙の現在、そして宇宙の終わりに到《いた》るすべての経過についての考察が含まれます。

さらにまた、広大な宇宙全体についての考察から、宇宙の最も微小な領域である素粒子についての考察を含んでいるのです。

それはあのポール・ゴーギャンの名作絵画のタイトルとなっている「われわれはどこか

ら来たのか、われわれは何ものか、われわれはどこへ行くのか」という問いにつながります。

結局のところ、宇宙論とは、人間についての考察であり、「わたし」というものについての考察なのだと、わたしは考えます。

宇宙とは何か、という問いと、わたしとは何か、という問いは、実は同じ問いかけだといってよいのです。

パスカルが示した《考える葦》という概念は、宇宙と対峙し、宇宙を包み込む存在を意味しています。ここでは「包み込む」という言い方をしましたが、フランス語の「理解(comprendre)」には「包み込む」という意味があります。すなわち「理解する」とは、その対象を「包み込む」ことにほかならないのです。

わたしは大学で、学生たちに小説の書き方を教えているのですが、話の合間の雑談の時に、こんな話をすることがあります。

皆さん、きみたちは宇宙というものは大きく、それに比べれば、自分というものは、ちっぽけなものだとお考えでしょう。確かに、わたしたちの周囲には、広大な宇宙が広がっています。

でも、こんなふうに考えてください。きみたちは、宇宙という言葉を知っていますね。では宇宙ってどんなものか、想像してみてください。宇宙のイメージを、頭の中に想いうかべてみるのです。

太陽の周囲を惑星がとりまいている、いわゆる太陽系を想いうかべた人もいるでしょう。銀河系宇宙という、円盤状の星雲をイメージした人もいるでしょう（宇宙論に詳しい人なら渦巻状に回転している銀河を想いうかべたかもしれません）。そんな星雲が数限りもなく存在する広大な宇宙全体を想像した人もいるのではないかと思います。

いずれにしても、きみたちの頭の中には、それぞれの宇宙のイメージがうかんでいます。するとこうは言えないでしょうか。宇宙というものは、きみたちの頭の中に、すっぽりと《包み込まれて》いるのだと。

だとすれば、宇宙よりも、きみたちの頭の方が、つまりはきみたちの存在の方が、「大きい」といってもいいのです。

宇宙を包み込む。

包み込むとは、すなわち理解するということです。

パスカルはそのことを、宇宙と対峙する《考える葦》という言い方で表現しました。

《考える葦》としての人間は、宇宙を理解することができます。従って、人間は、宇宙よりも大きな存在なのです。

わたしは哲学としての宇宙論を語るつもりです。

だから数式は不要です。

哲学といっても、難しい議論をするつもりはありません。わたしが語るのは、物語としての宇宙論の歴史といったものです。その歴史をたどりながら、人類が試行錯誤を重ねながらたどりついた宇宙というもののイメージを語りたいと思います。

パスカルにとって、宇宙が神であったように、宇宙は人間の認識能力の限界のぎりぎりのところに広がっている存在です。

神や仏と同じような、人間の理解の限界の彼岸にあるものを、ここでは超越的領域と呼んでおきましょう。

おそらくわたしは、その超越的領域について語ることになるでしょう。

わたしは宗教家ではありません。超越的領域について語る人は、時として怪しげな口調になって、わたしを信じなさい、信じさえすればあなたは救われるのです、といった言い方をすることがあります。

数式を用いないといっても、わたしは怪しげな論理で読者を洗脳しようとしているわけではありません。

ただ言葉だけで宇宙について語るためには、物理学の専門家が聞いたら、眉をひそめるような、大胆な論理を展開することがあるかもしれませんが、わたしは科学というものを基本的に認めています。科学の歴史というものを尊重しています。その上で、宇宙論という、わたしたちの生存の支えとなるような哲学を、物理学者や数学者の手から、パスカルのような、文学者の手に取り戻したいと考えています。

パスカルは『パンセ』という、素晴らしい著作を残しました。この本はわたしにとって、大切な文学作品であり、生きていることの意味を与えてくれた哲学書です。

この本が、読者のあなたに、新たな『パンセ』となるように、心をこめて、思考の糸を紡ぎたいと思っています。

では、ページをめくって、第一章に進んでください。

第一章

星空の彼方に宇宙が広がっている

ゆるやかに回転する天球の謎

宇宙というものは深い謎です。

しかし注意深く観察すれば、謎を解くヒントは到るところに隠されているのです。わたしたちは闇の中を進む旅人のようなものです。闇の中では、何も見えません。しかし目をこらし、知恵を働かせれば、闇の彼方《かなた》にあるものを見きわめることができます。

たとえば、底の見えない深い井戸といったものを考えてみてください。光も届かない深い井戸の底まで、どれほどの距離があるのか、じっと見つめていても何も見えない。そういう時に、あなたはどうしますか。

簡単なことです。石を落としてみればいいのです。石が井戸の底に到達して、水がポチャンと音を立てる。水のない井戸ならば、底に当たって固い音がする。その音の違いによって、井戸の底の状態がわかりますし、音が聞こえるまでの時間によって、井戸の深さもわかります。

古代の人々の前には、広大な星空が広がっていました。テレビもパソコンもない時代ですから、夜になれば、星空でも見ているしかなかったことでしょう。

星空は謎を解くヒントの宝庫です。わたしたちの宇宙論も、星空を見上げることから始めましょう。

読者の皆さんも、星空をご覧になってください。空が晴れてさえいれば、いくつかの星座を見つけることができるでしょう。

しばらく眺めていると、星空が動いていることがわかります。北の空を見てください。大熊座のしっぽにあたるヒシャクの形の北斗七星と、Wの形をしたカシオペア座が、北極星を中心に少しずつ回転していることがわかるはずです。

時計とは反対回りの動きです。1日に1周ですから、時計の短針の半分のスピードです。じっと見ているだけでは動いている感じはしないのですが、宵の口に星座の位置を確認してから、夜中にもう一度見てみると、星空が回転していることがわかります。

これは北の空を見上げた場合なのですが、南の空を見れば、星座は左（東）から右（西）に一定の速度で動いていることがわかるはずです。

星空が動くといっても、星座の絵柄が変化するわけではありません。その意味では、星々は静止しています。昔の人々は、天球というものを考えました。わたしたちの頭上に巨大なドーム状の屋根があって、その屋根が回転している。そう考えてみると、星々は天球に貼りついているだけですから、動いていないということになります。天球に対して動いていないということで、星座を構成している星々は、《恒星》と呼ばれます。

すべての星が天球に貼りついていれば、話は簡単なのですが、そういうわけにはいかないのです。天球に貼りついて動かない星座の中を、いくつかの天体がするすると移動していくのです。

いま《天体》という言い方をしましたが、太陽と月と星を併せて天体と呼んでおきます。天球上を移動する天体は、7つあります。だからこそ7という数字はラッキーナンバーとされているのですし、1週間が7日なのもそのためです。曜日の名称が、まさにそのことを示しています。

動いている7つの天体とは、太陽と月と、5つの惑星（水星、金星、火星、木星、土星）です。

天球はほぼ1日（正確に言うと23時間と56分ですが）で1回転しますが、その天球上をこれらの天体はつねに移動していきます。

この中で、最もスピードが速いのは、月です。

月が真南に来る（南中といいます）時刻は、1日ごとに50分ほど、ずれていきます。そ

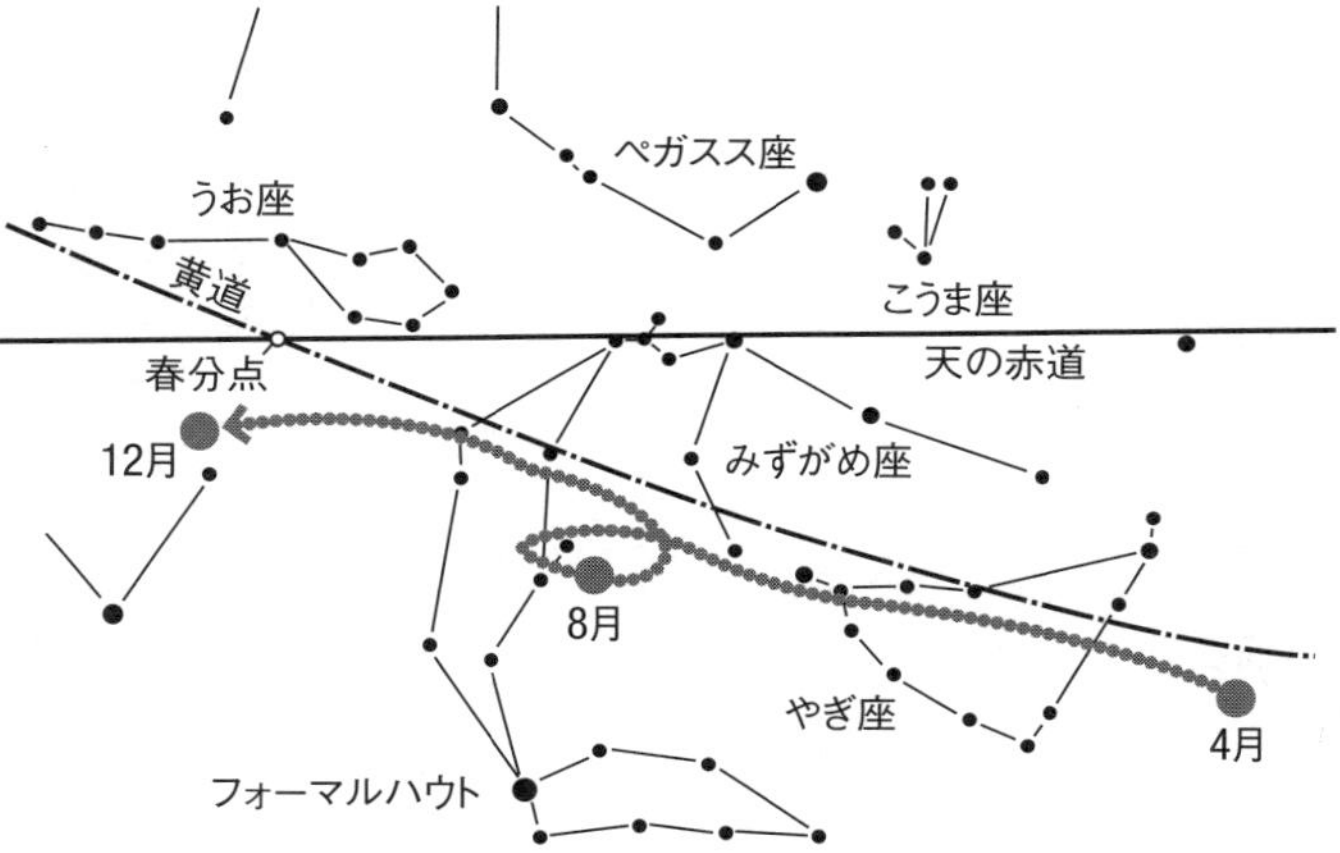

図1　惑星の動き
（●●●●●● は2003年の火星の動き）

して29日半で天球を1周します。旧暦の1カ月はこの月の動きを基準にしているのですね。まったく見えなくなる新月の日を朔日《ついたち》と呼びます。すると15日は必ず満月になります。昔の人は、月の形を見ただけで、今日が何日ごろかわかったのです。

　太陽の方は、1日に時間にして4分のずれという、わずかなものです。正午というのは、太陽が南中する時刻ですから、天球の動きの方が、日ごとに4分ずつずれるということになります。時間の4分というのは、角度にすれば約1度です。1日に1度ずつ、太陽は星座の中を移動し、

1年365日で、天球を1周することになります。

速度は違いますが、太陽と月の動きはほぼ一定です。ところが惑星となると、そうはいきません。急に速度が落ちたかと思うと、反対の方向に進むこともあります（図1）。ふらふらと迷っているような動きを見せるところから、《惑星》と呼ばれるようになったのです。

惑星から生まれた占星術

惑星がなぜそんな奇妙な動きをするかは、いまでは小学生でも知っています。太陽の周りを惑星が回っているからですね。地球も惑星の仲間です。陸上競技場の曲線のトラックを走っているランナーが惑星で、観客席の観客が恒星だと考えてください。走っている地球から左右のランナーを見ると、背景の観客と近くのランナーとの相対的な位置がたえず変化するので、とても複雑な動きに見えてしまうのです。

太陽を中心にして惑星が回っている。

いまではあたりまえのこととして認識されている事実ですが、古代の人々にとっては、想像することもできない世界観です。理解できないことがあると、そこに神秘性を求めるのは自然の成り行きといっていいでしょう。

天体の動きは、謎めいています。そこで古代の人々は、惑星の動きによって、天の神さまが人間に向けて、何かメッセージを伝えているのではないかと考えたのです。

そこから占星術というものが生まれました。いまから三千年くらい前のことです。天球に貼りついた星々の絵柄の中を、一定の速度で進んでいく太陽や、ふらふらとさまよい歩く惑星の配置から、天啓のごときものを読み取ろうとしたのです。

たとえば大災害が起こった時の天体の配置を記録しておいて、同じような配置になりそうな気配がしたら、災害に備えたり、災害が起こらないように神に祈りを捧《ささ》げたりしたのですね。

個人の運命も、占星術で予見できるとされています。生まれた日の天体の配置が、その人の一生の運命を決めてしまうという考え方です。そのなごりが、星座占いとして現在も雑誌などに載っています。わたしは占星術を信じているわけではないのですが、自分が双子座だということは知っています。雑誌などに出ている星座占いは、生まれた日の太陽の位置をもとにしています。

余談になりますが、わたしが生まれた6月に、太陽が双子座にいるというのは、占星術が発生した三千年前には正しい認識だったのですが、地球の歳差運動（年ごとに変化していく運動）のために、いまではようすがすっかり変わっています。

地球の歳差運動は内部が液状であることから起こります。ゆでたまごと生たまごをテーブルの上で回してみてください。ゆでたまごはくるくる回りますが、生たまごは中が液状なので、スムーズに回らず、ゆらゆらと揺れ動きながら回ります（首振り運動）。

地球の回転軸はやや傾いています。そのために春夏秋冬があるのですが、その傾きのままで、地球は首振り運動をしているのです。首振り運動がぐるっと1周するのに二万数千年かかるという、ゆるやかな運動ですが、二千年ほど経《た》つと、星座を背景にした太陽の位置が、星座1つぶん、ずれてしまいます。

占星術が完成された当時、春分の日の太陽の位置は牡羊座《おひつじ》でしたが、キリスト誕生のころから魚座に移動したといわれています。そして21世紀の現在は、天秤座《てんびん》に移動しているのです。ですからわたしが生まれた日の太陽の位置も、実は双子座ではなくなっていたのです。

古代の人々は何百年にもわたって、天体の動きを観測していました。太陽と月の動きはほぼ規則的ですから、長期間の観測を続ければ、日食や月食を予言することも可能です。

しかし5つの惑星の動きだけは、まったくの謎というしかなかったのです。

惑星の動きを解明することができなければ、占星術は機能しません。しかしヒッパルコス（BC190?～BC120?）の出現によって、惑星の動きに周期性があることが解明されました。

惑星の動きを数式で解明する

ヒッパルコスは偉大な天文学者ですが、歴史の中に突然に現れて天体の動きを解明したというわけではありません。古代ギリシャの時代には、地中海沿岸のさまざまな都市において、天文学者、物理学者、数学者が現れ、自然についての考察を重ねてきました。そこでまず、ヒッパルコスの先駆者たちについて語ることにしましょう。

特筆すべきなのは、エラトステネス（BC275?～BC194?）です。この人物は地球が球であることはもとより、その大きさも正確に知っていました。では読者の皆さんに質問です。地球の大きさって、どうやって測るのでしょうか。

エラトステネスはナイル川の上流のシエナという町で、夏至の日の正午に井戸の底まで日光が射し込むことを知っていました。地面に棒を立てれば、影がなくなってしまいます。

この町は北回帰線の上にあったのですね。

その同じ夏至の日の正午に、地中海に面したアレキサンドリアのあたりでは、棒の影はなくなりません。エラトステネスはその理由を考えました。そして大地が弧を描いて彎曲《わんきょく》しているという結論に到達したのです。棒の長さに対する影の長さを測れば、太陽の角度がわかります。あとはアレキサンドリアとシエナの距離さえわかれば、地球の大きさがわかります。

といっても、離れた町の距離を測るというのは大変なことですが、幸いナイル河が流れていますから、平坦な土地です。ラクダが1日に歩ける距離とか、そんな大雑把な指標でも、とにかくおおよその距離がわかれば、地球の大きさを概算することができます。エラトステネスの計算では、地球の大きさ（円周）はいまの単位でいえば4万5千キロだということになりましたが、実際の地球の大きさは4万キロですから、地球の大きさをほぼ正確に知っていたことになります（コロンブスにはこの知識がなかったので、アメリカ大陸で出会った人々を《インド人》と呼びました）。

もう一人、名を挙げておかなければならないのは、アリスタルコス（BC310?〜BC230?）です。この人物の生涯についてはほとんど何もわかっていないのですが、この人が唱えた学説はよく知られています。

古代の天文学者たちは、水星と金星の運動を観察して、この2つの惑星が太陽の周囲を旋回しているのではないかと考えました。水星も金星も、太陽のそばを行ったり来たりするだけで、太陽から遠く離れることはないからです。しかしアリスタルコスは、地球も惑星の1つであり、すべての惑星が太陽の周囲を回っているという、驚くべき（そして正しい）アイデアを提出したのです。

しかしこの画期的なアイデアは、多くの人々の賛同を得たわけではありません。地球が宇宙空間を飛翔して、太陽の周囲を旋回するなどということは、古代の人々にはイメージすることができなかったのです。わたしたちは子どもの頃から、理科の教科書や図鑑のようなもので、何度も太陽系の画像を目にしていますから、地球が宇宙を飛んでいるということにとくに疑問をもつこともないのですが、古代の人々は、地球が空中を飛んだりしたら、乗っている人間はどうなるのだと、一笑に付したことだろうと思われます。

地球が太陽の周囲を旋回しているというのは、アイデアとして正しいのですが、高速で動いている物体の上で、なぜふつうの生活ができるのかということを、理論的に説明することができなければ、それはただのアイデアであり、途方もなく奇抜な、空想的な思いつきだと感じられてしまうのです。

むしろ多くの人々に称賛されたのはヒッパルコスの理論でした。ヒッパルコスは偉大な天文学者です。その業績の中でも特筆すべきものは、月までの距離を測定したことでしょう。

ここでもまた読者への質問です。月までの距離などといったものを、どうやって測定すればいいのでしょうか。

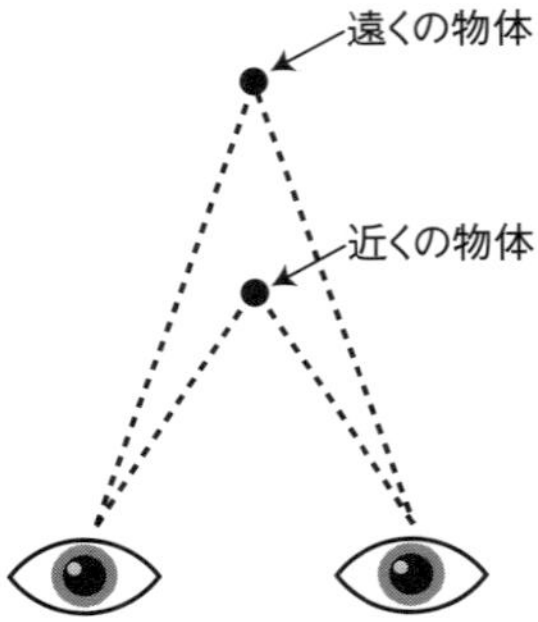

図2　視差

視差を利用するのですね。右目と左目の画像にはわずかな視差があります（図2）。人間は直観的にその視差で距離感や立体感を得ているのです。でももちろん、目で見たくらいでは、月までの距離はわかりません。

たとえば月食の始まりの時刻、といった条件を決めておいて、異なる地点で月が隠している恒星をチェックすれば、視差によって月までの距離を算出することができるのです。ヒッパルコスは月までの距離を、地球の直径の30倍であると計算しました。地球の大きさはエラトステネスが算出していましたから、これで月までの距離がわかります。

しかしこの偉大な天文学者は、もっと驚くべき考察を世に示しました。ヒッパルコスは惑星の複雑な動きを、計算によって求める方法を考案したのです。ただしそれはたいへんに複雑な計算でした。火星、木星、土星は地球よりも外を回っている惑星です。地球は内側のランナーですから、それらの惑星を追い抜いていくことがあります。それを天球上の動きで見ると、右から左へ進んでいた惑星が、急に動きを止め、やがては逆走するように見えます。この複雑な動きは、単純な数式では解明できません。

ヒッパルコスは、単純な円軌道ではなく、周転円、輸送円、離心円といった、さまざまな円運動の組み合わせで、惑星の軌道を計算しました。そうした円が実際に存在するかどうかといったことは、ヒッパルコスにとってはどうでもいいことでした。幾何学の問題を解くための補助線のように、あくまでも仮想の円なのですが、とにかく惑星の動きをほぼ正確に計算ができるのだから、これで充分だとヒッパルコスは考えたのです。

この本は数式を使わないということを最初に宣言して書き始めました。ですからヒッパルコスの数式をここでお見せするわけにはいきません。そこでわたしは、たとえ話のようなことを始めようと思っています。ここからが、この本の特別な部分だと考えてください。他の宇宙論の本には書いてないような、ユニークな指摘がここから始まります。

難しい話ではありません。遊園地にあるティーカップという乗り物のことをイメージしてください。場所によってはコーヒーカップと呼ばれているかもしれませんが、お盆の形をした大きな円盤の上に、いくつかのカップの形をした座席が設置してある装置です。カップは回転する円盤の上に載っているのですが、カップ自体も自転します。カップの縁に座っている人は、円盤の回転によって円運動をすることになりますが、カップの自転によってもくるくる回りますので、とても複雑な運動をすることになります。

それだけでも複雑なのですが、その座席に座っている人が、ケータイを手にもって、ストラップの先についているマスコットをくるくる回していると考えてください。円運動をしている円盤の上で自転しているティーカップ。その回転する座席の上でくるくる回っているストラップ。その先についているマスコットの動きは、複雑な計算をしないと算出できないのですが、円盤の上方から眺めていれば、すべてが単純な円運動ですから、イメージとしてはわかりやすいものです。

上方から眺めていれば、円運動というのは、とても単純な運動なのですが、これを地上から眺めている人にはどのように見えるでしょうか。

次元を下げると円運動は振動に見える

まずはティーカップが載っている円盤です。上から見れば円盤だということはわかりますが、真横から見たのでは、円盤だということはわかりません。ただティーカップが右に行ったり左に行ったりしているのを眺めることになります。

右に行ったり左に行ったり……というのは、要するに振動です。円運動を真横から見ると、振動に見えるということですね。

これはとても重要なことです。円運動を上から見るというのは、平面（2次元）の上を円を描いて運動しているものを、その平面から離れた場所（3次元）から眺めるということです。2次元の動きを3次元の世界から見るということですね。ところが真横から見ると、2次元の円の形が見えませんから、結局、ごく単純な直線的な動きのくりかえし（振動）に見えてしまうということなのです。

さて、ではイメージをさらに推し進めましょう。先ほどのケータイについているストラップの先に、LED（発光ダイオード）のランプがついていると考えてください。真夜中に遊園地のすべての照明を消して、ただ静かにティーカップが回転している。もちろん座席には人が乗っていて、ストラップをくるくる回しているのです。ストラップの先のランプが回っていますが、ティーカップの座席も回り、ティーカップを乗せた円盤も回っています。

そのランプの動きを真横の地面に立って眺めている人がいるとしましょう。見えるのはランプの明かりだけです。真横からですから、ランプの動きは振動に見えます。円盤の回転による大きな振動に、ティーカップの回転による小さな振動が組み合わさり、さらにストラップの回転による微弱な振動が加わる。何とも不思議な、不可解な動きに見えることでしょう。

それが惑星の動きなのです。ヒッパルコスはこの謎の動きを、次元を上げることで、いくつかの円運動の組み合わせと解釈し、複雑な数式を考案しました。この数式は、惑星の動きにほぼ正確に対応していましたので、惑星の位置で未来を予言する占星術の占い師たちにとっては、計算が複雑すぎるという難点を除けば、実際に役に立つツールでした。

ヒッパルコスは紀元前2世紀の人ですが、その成果はおよそ三百年後に活躍したプトレマイオス（生没年不明）によって集大成され、《プトレマイオスの宇宙》と呼ばれるようになります。《天動説》と呼ばれるものはこのプトレマイオスによる宇宙体系です。

やがてヨーロッパ全域を支配することになったキリスト教（カトリック）は、占星術を認めていましたので、カトリックの聖職者たちも、プトレマイオスの体系を用いて占星術を活用していました。

ここで、時代は大きく飛んで、ニコラウス・コペルニクス（1473〜1543）を登場させることにしましょう。コペルニクスの名は、皆さんもご存じですね。ポーランド出身の天文学者です。父は商人でしたが子どものころに亡くなったので母方の叔父のもとで育ちました。この叔父さんはカトリックの司祭だったので、コペルニクスも司祭になるための勉強をしていたのですが、やがて天文学に興味をもつようになります。

キリスト教でも占星術を活用していましたから、天体の動きについての学問は重視されていました。ヒッパルコスやプトレマイオスの宇宙論でも、惑星の動きをとらえることはできるのですが、計算が複雑ですし、実際の天体の動きとの間に、わずかなズレが生じます。

当時の天文学者たちは、先に述べたアリスタルコスの宇宙論に着目し、地動説によって惑星の運動を正確にとらえることができるのではないかと考えていました。コペルニクスはとんでもないことを考えたわけではなく、当時の天文学者たちの常識に従って、簡便な計算方法を公表しただけのことです。

コペルニクスが出版した『天体の回転について』という書物は、あからさまに地動説を主張したわけではなく、こう考えたら計算が簡単になるという、ささやかな提案だったのです。この本は発禁になることもなく、多くの人々に読まれていました。

この本を読んだジョルダーノ・ブルーノ（1548〜1600）という修道士が、声を大にして地動説を唱えたものですから、この人は火刑に処せられてしまったのですが、コペルニクス自身は用心深く、あくまでも計算のための便宜的な考え方だとしていました。

地動説は大きなカルチャー・ショックをもたらします。カトリックの信者たちは、天には神さまがいて、天国があると考えていました。もしも地球が太陽の周囲を回っているだけの天体なら、天国はどこにあるのでしょうか。神さまはどこにいらっしゃるのでしょうか。カトリックの司祭をつとめる叔父さんに育てられたコペルニクスとしては、声を高めて地動説を唱えるといったことは、やりにくかったかもしれませんね。

とにかくコペルニクスは、声を大にして地動説を唱えたわけではないのですが、ブルーノのように命がけで地動説を主張することにも、大きな意味があるわけではありません。

大事なのは、原理を解明することです。惑星がどういう原理で旋回しているのかを解明しなければ、真理を把握（包み込む／理解する）したことにはならないのです。

ガリレオの指先に神秘があった

古代の人々は惑星の動きの中に、神の啓示があるのではと考えました。神というようなものが存在するのかどうか、わたしは知りませんが、人間の認識能力が及ばない領域がつねに存在するということは認めないわけにはいきません。しかし惑星の不思議な動きは、重要なヒントをもたらしてくれました。与えられたヒントを一つ一つ解いて、認識できる領域を広げていくというのが、人類の叡智の歴史であり、《考える葦》としての人間の偉大さなのだとわたしは考えます。

宇宙というものは、奥深く、謎をはらんだ存在です。しかしそこには、謎を解くヒントが、巧妙に用意されています。わたしたち人類は、そのヒントを一つ一つ解いていくことになるのです。

次のヒントは、揺れる振り子です。カトリックの大聖堂の天井から吊《つる》された照明器具がゆっくりと振動している、その眺めが、宇宙の謎を解く鍵だったのです。天井から吊された照明器具などといったものは、古代からずっと、人類の目の前に存在していたはずなのに、誰もそのヒントに気づかなかったのです。

ただ一人、《考える葦》としての思考する知性が、その不思議に気づきました。その人の名はガリレオ・ガリレイ（1564～1642）。彼こそはブレーズ・パスカルの先駆者であり、宇宙と対峙した最初の人類だといっても過言ではないのです。

ガリレオ・ガリレイはピサ大学で学ぶ医学生でした。ピサといえばピサの斜塔が有名ですが、ガリレオの時代にすでに斜塔は完成していて、いまと同じように傾いていました。ピサは海に面した河口に発展した港町で、湿地帯の上に街が築かれていました。軟弱な地盤の上に高い塔を築こうとしたものですから、建設の途上ですでに地盤の一部が沈降を始めたのです。それで修正をしながら塔を築いたものですから、バナナのような彎曲した塔ができてしまいました。

しかし斜塔が傾いているということは、本書の論点にとってはどうでもいいことです。これからわたしがお話しすることは伝説であって、歴史的な事実かどうかはわからないのですが、思考のプロセスをたどるということではわかりやすい思考モデルになりますので、一つの物語として受け止めていただければと思います。

ピサの斜塔は大聖堂に付随した施設です。この大聖堂はロマネスク様式としてはヨーロッパ最大のもので、現地に赴いた人は斜塔よりも、この大聖堂の見事さに目を奪われることでしょう。

大聖堂の中には、「ガリレオのランプ」と呼ばれるブロンズ製のランプがあるのですが、当時はロウソクを点《とも》したシャンデリアのようなものだったのかもしれません。

とにかく、大聖堂内の天井から吊されている照明器具を見ているうちに、ガリレオはあることに気づいたのです。

ここでガリレオが発見した「振り子の法則」は、いまでは小学生でも知っています。振り子の周期（往復して元に戻るまでの時間）は振り子のヒモの長さに比例する（ヒモが短いと周期も短くなります）が、振り子の錘《おもり》の重さには無関係である。これが振り子の法則のすべてです。

重さに無関係だということは、金属でできたずっしり重い照明器具も、ロウソク一本だけの軽い器具も、ヒモの長さが同じなら、同じ揺れ方をするということです。

これはちょっと考えると、わたしたちの直感に反しているように感じられます。振り子が揺れるのは、垂直に地面に落下しようとする錘がヒモに引っぱられて横への動きに変換されるからだと考えられますが、振り子の周期が重さに関係ないとすると、垂直落下の運動も、重さにはまったく関係がないということになります。

読者の皆さんはどう思われるでしょうか。

問題を整理するために、こんなふうに考えてみてください。

いまあなたは両手を前方に突き出して立っています。右手の上には砲丸投げの砲丸、左手の上にはパチンコの玉があります。砲丸はとても重いですね。強い力で地面に引きつけられています。パチンコ玉の方は、ほとんど重みを感じないほどに軽いですね。さて、この状態であなたの掌《てのひら》をひっくりかえして、砲丸とパチンコの玉を地面に落としたら、どうなるでしょうか。

砲丸は強い力で引きつけられているので、手を放した途端に、すごい勢いで地面に向かって落下していきそうですね。パチンコの玉はそれほどの力で引きつけられているわけではないので、ゆっくりと落下していく。そんな気がしませんか。

大聖堂の照明器具の振動を見ていたガリレオは、重いものが速く落ちるという直感が間違っていることに気づいたのです。そして、そこには不可解な宇宙の秘密のようなものがあると察知したのだと思われます。

ガリレオは落下の法則を探求するために実験を始めました。スローモーションの映像などのない時代ですから、物体の落下そのものは速すぎて肉眼では確認できません。振り子というのは、垂直落下を横方向に変換してくれる便利なツールではあるのですが、すぐに周期運動に変わってしまうので、落下そのものの法則を検証することはできません。

ガリレオは便利な方法を思いつきました。斜面を利用するのです。長い板を用意し、角度を変えながら斜面の上で球を転がすと、角度に応じて速度を調節できます。ほとんど水平に近い斜面では、球の動きをじっくりと観察できます。その結果、ガリレオは始めはゆっくりと動き始めた球が、時を追って加速していくことを確認します。

ガリレオは加速度というものを発見したのです。

ガリレオは斜面に目盛りを刻み、自分の脈拍を時計にして、球の動きを正確に測定し、落下の法則を定量的に分析しました。たとえば最初の1秒（ガリレオの脈拍を1秒として）に球が1目盛り進むように斜面を調整すると、次の1秒には3目盛り、次の1秒には5目盛り、さらに7、9、11、13、15という具合に、1秒間に進む距離が伸びていくことが確認できました。

速度が上がるということなのですが、その速度の増え方がつねに1秒間に2目盛りずつになっているので、加速度（速度の増え方）は一定であることも確認しました。

この加速度というのは、地面の方向に向かってつねに重力がかかっていると考えれば理解できます。物体を地面に引きつける力はつねに一定だということですね。ガリレオは重さの違う球を用意して、球の転がるようすが球の重さとは無関係だということも確認しました。重い球も軽い球も、同じ速度で動き始め、同じ加速度で速度を速めていきます。

ガリレオはのちにピサの斜塔の上から、重さの異なる砲弾を落下させて、同時に地面に到達することを実証しました。もちろん火薬は抜いてあります。先のとがった砲弾を用いたのは空気抵抗を少なくするためです。空気抵抗があると軽い物体は抵抗を受けて速度が遅くなります。大粒の雨よりも小粒の雨の方が速度が遅くなるのはこのためです（さらに小粒になれば霧になって落ちてきません）。

ここからが重要なところなのですが、ガリレオは、もしも加速度というものがなければ（無重力状態ということですが）、物体は一定の速度で進むと考えました。実証するのは簡単です。斜面の上で球を転がしてから、斜めになっていた板を水平にすると、加速度はゼロになり、球は一定の速度で進んでいくことも確認しました。

加速度は水平方向には働かないということですね。これも、重力は横向きにはかからないということで理解できます。

ガリレオはさらに考察を深めるために、最初から水平になっている目盛りを付けた板の上で、重さの違う球を転がしてみる実験を試みました。

しかし最初から水平の場合は、球は動きません。いったん転がり始めれば（初速を与えるということですが）、一定の速度でどこまでも動いていくのですが、初速を与えるためには、横向きの力をかける必要があります。

これは簡単です。指でちょんと弾《はじ》けばいいのですね。ガリレオは重い球と、軽い球を、指で弾いてみたはずです。

ガリレオの指先に、神秘の扉がありました。

その先に、世紀の大発見があったのです。

物体は空間に貼りついている

ここでも話をわかりやすくするために、頭の中でこんなことを考えてください。

スケートリンクに子どもがいます。その子どものお尻を押して、スピードをつけてやる。それほどの力は必要ありません。軽く押してやるだけでいいのです。

ではスケートリンクの上に、臥牙丸《ががまる》（最大体重の力士です）か、マツコ・デラックス（体格のいい芸能人です）がいると考えてください。お尻を押して動かすことができますか。これは難しいでしょう。

重力は水平方向にはかかりません。ただしふつうの床の上では摩擦がかかります。摩擦は重さに比例しますので、重いものは動かしにくいということを、わたしたちは常識として知っています。しかしスケートリンクの上なら、摩擦はかかりません。つるつるとすべっていきますから、重いものでも押せるはずです。

しかし実際に体重の重い人を動かそうとすると、強い抵抗を受けて、押そうとしているこちらの方が、反作用で後ろに下がったりしてしまいます。

なぜでしょうか。

答え。重いものは、接着剤のようなもので空間に貼りついているからです。

もちろん、重いものをいくら検証しても、接着剤のようなものが目で見えるわけではないのですが、宇宙ステーションのような無重力空間でも、重いものは空間に貼りついていて、大きな力を加えないと動かせないのです。

ですから、人工衛星など重量の大きな物体を宇宙空間に放出する場合は、クレーンなどの装置が必要です。重力がゼロだからといって、人間の力で投げ出すことは不可能なのです。

この物体が空間に貼りついている性質のことを、《質量》と呼びます。質量の大きな物体は、より大きな力で空間に貼りついているので、動かしにくいのです。

ここで最初の問題に戻りましょう。片手に砲丸、片手にパチンコ玉という状態で、両方を落下させたらどうなるか。砲丸は強い力で地面に引きつけられています。しかし質量の大きな砲丸は大きな力で空間に貼りついているので、動かしにくいのです。パチンコ玉は、空間に貼りつく力は弱いのですが、地面に引かれる力も弱いのですね。

つまり地面に引かれる力と、空間に貼りついている力が相殺されて、重い物体も軽い物体も、同じように落下していくというわけです。

これで謎が解けました。重いものは空間に貼りついている。ガリレオ以前の誰もが、想像することもできなかった、宇宙というものに秘められていた隠された原理を、ガリレオただ一人が発見したのです。

この《質量》というものが、なぜあるのかということは、現在の科学でもわかっていません。最近、発見されたかもしれないということで話題になっている《ヒッグス粒子》というのは、この謎を解くカギとなるような基本素粒子ではないかと考えられているのですが、《質量》というものは、現在の科学でも解き明かせない、大きな謎なのです。

ガリレオは謎を解き明かしたわけではないのですが、《質量》というものの存在に気づきました。これだけでも大発見ですし、近代科学の扉は、この瞬間に開かれたといっても過言ではないのです。

話が混乱するといけないので、《質量》と《重量》の違いについて、改めて確認しておきましょう。ガリレオは宇宙の神秘である《質量》というものを、確実に把握していたのですが、数式という形で表現したわけではありません。それを実現したのは、約80年後のアイザック・ニュートン（1642〜1727）でした。

その理由はのちほどお話ししますが、ニュートンは万有引力の法則というものを考え、2つの物体間の引力（重力）は、それぞれの物体の質量の積に比例し、物体間の距離の2乗に反比例すると考えました。

本書は数式を使わない宇宙論なので、ここにその数式を出すことは控えますが、要するに、質量が大きければ引力は強くなり、距離が離れれば引力は弱くなるということです。

わたしたちが通常、重量（体重というのも重量です）と言っているのは、ある物体と地球との間に働く引力のことです。

相手は地球と決まっていますし、わたしたちは地球表面上で生活しているので、地球（地球の中心に質量のポイントがあると考えます）との距離も一定です。ですから結局のところ、わたしたちの日常生活では、《質量》と《重量》は同じものと考えていいのです。宇宙ステーションのような無重力状態の場所や、月の表面みたいなところに行けば、《重量》は変化します。

それから、エレベーターが急加速したような時に、ふわっと体が軽くなったり（下降の場合です）、ぐぐっと重くなったり（上昇の場合です）といったことは、あるかもしれません。あまり考えたくないことですが、乗っているエレベーターのワイヤーが切れて落下を始めたりすれば、皆さんもふわっと体がうきあがり、《無重力》を体験することになるでしょう。

このように重量は加速によって変化しますし、無重力状態ではゼロになります。しかし、《質量》は不変なのです。

質量の大きな物体は動かしにくい。それは言い換えれば、速度ゼロの物体を加速するのに大きな力が必要だということです。反対に、質量の大きな物体が一定の速度で運動している時は、その物体を静止させるために、大きな力が必要です。

これもスケートリンクの例を考えればすぐにわかります。向こうから小さな子どもがスケートですべってきます。スピードがつきすぎて止まらなくなったようです。でも小さな子どもですから、あなたが受け止めてやれば、安全に止めてやることができます。

臥牙丸やマツコ・デラックスがすべってきたらどうでしょうか。逃げた方がいいですね。ぶつかったらあなたの方が、吹っ飛ばされてしまいます。

巨大な質量をもった物体が一定の速度で運動していれば、その運動を止めるのは難しいのです。

コペルニクスの地動説は、こう考えたら惑星の運動をとらえやすいという、占星術のための便宜的な方法だったのですが、ガリレオにとっては、地球を含めた惑星が太陽の周囲を旋回しているというのは、疑いようのない事実でした。大きな質量をもった物体が無限に等速運動をするというのは、ガリレオにとっては自明のことだったからです。

ガリレオはまた、凸レンズと凹レンズを組み合わせて、ガリレオ式の望遠鏡を作り、木星の4つの衛星を発見しています。ガリレオは毎日、衛星の位置をスケッチすることで、衛星が等速の円運動をしていることを確信しました。

大きな質量の周囲を小さな質量が旋回しているさまを、直接に目撃していたのです。だから地球が太陽の周囲を旋回しているということも、ガリレオにとっては不思議でも何でもない、あたりまえの事実と感じられたことでしょう。

地動説を唱えたガリレオは宗教裁判にかけられました。ブルーノが火刑に処せられたことを知っていたガリレオとしては、自説を曲げるしかなかったのでしょうが、裁判が終わったあとで弟子に向かって、「それでも地球は動く」とささやきかけたと伝えられています。

第二章

真空の発見から新たな物語が始まる

トリチェリが発見した《真空》

ガリレオは大聖堂の揺れ動く照明器具から、宇宙の神秘を解明しました。板で斜面を作って球を転がすというのも、きわめて単純な実験ですし、凸レンズと凹レンズを組み合わせたガリレオ式望遠鏡は、いまから見れば子どもの玩具のようなものです。そんな簡単な装置で、ガリレオは驚くべき真理を発見したのです。

話は飛びますが、《ヒッグス粒子》を発見したと伝えられるCERN（欧州原子核研究機構）が設置したLHC（大型ハドロン衝突型加速器）は、山手線一周に近い周回距離の巨大装置で、その周回サーキットにぎっしり並べられた電磁石によって、プラスに荷電した陽子を光速近くにまで加速し、粒子と粒子を正面衝突させることによって、未知の粒子を検出しようというものです。

たとえば陽子という素粒子は、ふつうの状態ではきわめて安定した粒子で、永遠に壊れることはないと思われていたのですが、強いエネルギーを与えると壊れることがわかってきました。どのように壊れるかを観測すれば、陽子の成り立ちについても見とおしが得られます。宇宙そのものの成り立ちについてもヒントが得られるのではないかと考えられ、このような実験装置が建設されたのです。

建設にも膨大な経費がかかりましたが、実験装置を稼働させるために大量の電力を消費しますので、ヨーロッパの電力需給が逼迫《ひっぱく》する冬場は、実験を休まなければならないというくらいの大がかりな装置なのです。

揺れ動く照明器具を見つめていたガリレオや、頭上から落ちてきたリンゴを見て万有引力の法則の着想を得たニュートンのような、素朴な発見というものは、現代では難しくなっているのかもしれません。

しかしこの《ヒッグス粒子》はいまから半世紀も前に、ほとんど無名の研究者だったピーター・ウェア・ヒッグス（1929〜）によって提案されたものです。理論の提出から、実際の発見まで、長い年月がかかるというのも、最近の傾向ですが、理論物理学と呼ばれる領域はいまでも存続していて、実験とは無縁の物理学者がまるでパスカルの《考える葦》のように、ただ「考える」ことによって、宇宙を包み込もうとしているのです。

そうした《考える葦》の系譜を、あとしばらくたどってみることにしましょう。

本書のプロローグでブレーズ・パスカルのお話をしたので、そこに到る橋渡しとして、《真空》というものについて考察しておきます。この《真空》というものの「発見」も、小学生でも知っている簡単な実験によって証明されました。

ガリレオの晩年の弟子にエヴァンジェリスタ・トリチェリ（1608～47）という人物がいました。ガリレオはこの弟子に遺言を残しました。空気の重さを測定せよというのが、その遺言です。

空気は無色透明ですから、目では見えません。しかし、空気というものが存在していることはわかります。ガラスのコップを伏せて水の中に押し込むと、水はコップの中に入れません。コップを少し傾けると、空気が泡となって出てきます。水も空気も無色透明ですが、屈折率が違うので、水と空気の境界面は目で見えるのです。

空気に重さがあるのかどうか。重さがあるのだとして、それをどうやって証明すればいいのでしょうか。

この問題も読者に質問したいところですが、トリチェリという名前を聞いただけで、もうおわかりだと思います。

大きな水槽に水銀を入れ、1メートル弱の試験管を沈め水銀を満たします。口の方を水銀面の下に入れたままで、試験管を立てると、水銀の柱ができますが、試験管の上部に真空の部分ができます。この時の水銀柱の高さ（1気圧の場合76センチです）が空気の重さに

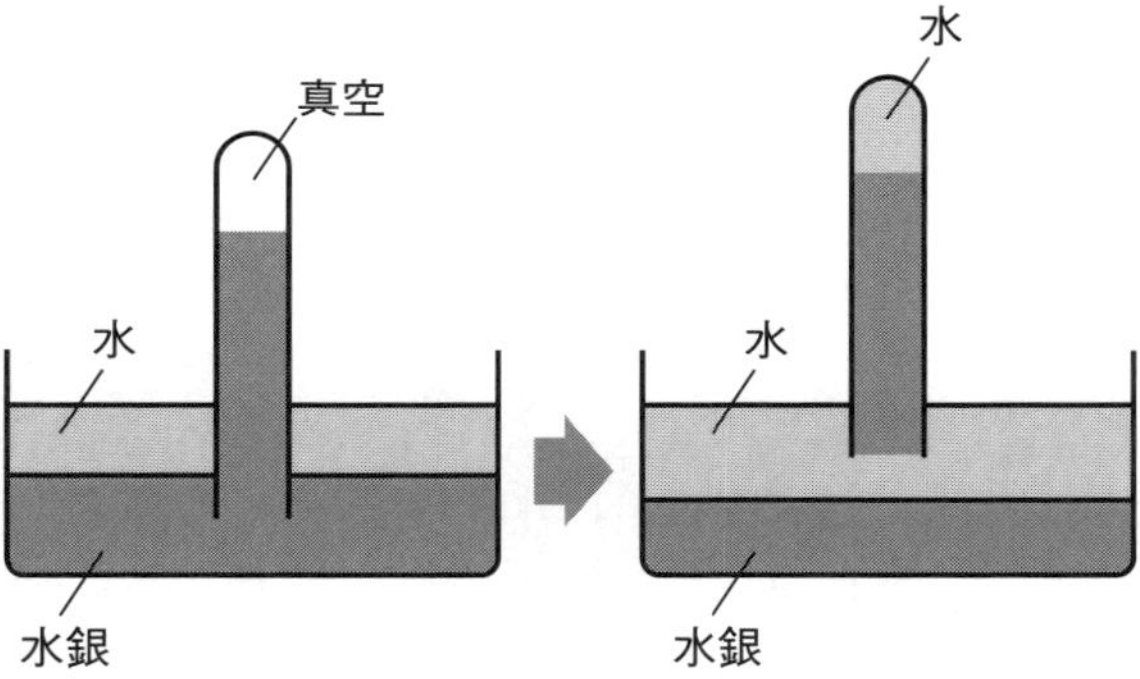

図3　トリチェリの実験

相当するのですね（図3）。

この時に水銀柱の上に生じた真空は、おそらく人類が最初に目撃した《真空》でしょう。何も存在しない空間。まさに空間そのものを、人類は目撃することになったのです。

空間は英語では「スペース（space）」ですが、「宇宙旅行」のことを「スペーストラベル（space travel）」というように、この言葉は「宇宙」を意味することがあります。

わたしたちが「宇宙（cosmos）」と呼んでいるものの大部分は、実は何も存在しない「空間」なのです。しかし何もないように見えるこの「空間」が、実は最も奥深い謎を秘めているのです。このことはのちほどお話しすることになるでしょう。

真空とは、何もない空間です。古代の人々は、何もない空間などというものは存在しないと考えていました。たとえば水の中の泡などは、その中に空気が入っているのですから、何もない空間ではありません。何もないように見えても、そこには必ず無色透明の空気があるわけですから、本当に何もない空間などといったものは、ありえないと考えていたのです。

トリチェリは水銀柱の上に《真空》ができていることを証明するために、仕掛けを施しました。水槽の水銀の上に水を入れたのです。そうしておいてから、試験管の口を、水銀の上を満たした水の部分に移動させます。すると軽い水が試験管の中に入りこんで、試験管の上部を満たします。ここで小さな泡でもできれば、空気が入っていたことがわかるのですが、水は完全に試験管を満たしてしまいます（空気が少しでも入っていれば泡になりますので見えるはずです）。つまりここにはわずかな空気も入っていなかったということになります。

こんなふうにトリチェリは空気の重さを正確に測定すると同時に、《真空》というものを発見することになったのですが、この実験はすぐにイタリアからフランスに伝えられました。この実験結果を聞いて、では水で実験してみようと思い立ったのが、本書のプロローグでも言及した、《考える葦》のブレーズ・パスカル（1623〜62）です。

パスカルは天才少年でした。何しろわずか16歳で『円錐《えんすい》曲線論』を発表し、古代ギリシャの幾何学の大家アポロニウス（BC262?〜BC190?）も気づかなかった新発見をして学界を驚かせました。その中の1つは、のちにトポロジーと呼ばれる数学の新分野のさきがけになったといわれています。それ以後、幾何学の研究からは離れていたのですが、35歳の時に歯痛をまぎらせるためにサイクロイド曲線について考え、ニュートンよりも早く積分の概念に到達したとされています。

パスカルの父はフランス中部のオーベルニュ地方で、税務高等法院の副院長をつとめ、のちにはパリに移住して、ルーアン市の直任税務監督に就任しました。その父の業務（膨大な量の税金の計算）を見ていたパスカルは、幾何学の研究を放り出して、歯車式計算機の製作にとりかかります。そして19歳の時に完成させるのですが、その計算機の原理は世界中に普及し、20世紀の後半にマイクロコンピュータ内蔵の計算機が普及するまで、キャッシュ・レジスター（電動でしたが中では歯車が回っていました）の中に組み込まれていました。

トリチェリの実験が報告されたのは、パスカルが20歳の時です。パスカルはただちに水で実験しなければならないと考えました。実はガリレオが空気の重さについて言及したのは、井戸の深さが10メートル以上になると、吸い上げポンプが機能しなくなるということが広く知られていて、ガリレオはその謎を解こうとしていたのです。

ポンプのピストンを作動させて水を吸い上げる時、実は空気の重さが水面を押しているのではないかとガリレオは考えました。それが水の10メートルぶんの重さに相当するはずだということも、ガリレオは見当をつけていたようです。そのことを実験で確認するには、10メートル以上の試験管が必要です。この難題を、トリチェリは水銀を用いることで、見事に解決したのです。

水銀の重さは水の約13・5倍ですから、水銀76センチは、水の10メートルに相当します。ですから井戸の吸い上げポンプが機能しないことも、それで証明されたことになります。空気の重さに限界があるので、10メートル以上の深い井戸では、ピストンをいくら作動させても真空ができるだけで、水を吸い上げることができなくなるのです。

しかし、水銀で実験したことで、水の場合を類推するというのは、充分な証明とはいえません。やはり実際に水を用いて、確認のための実験をしなければならないと若きパスカルは考えたのです。

デカルトの頭の上を蝿《はえ》が飛んだ

パスカルが望んだ水による実験をするためには、10メートルを越えるガラス管が必要です。幸いにもフランスはガラス工芸では世界の最先端の技術をもっていましたから、費用さえ払えば、長いガラス管を製作することは可能でした。またパスカルは、透明な水ではガラス管の中の真空と水の境界面を確認することが難しいと考え、赤ワインによる実験を計画していました。

赤ワインの比重はワインの熟成度によって変化します。若いワインはブドウの果実の糖分が残っているので比重が重くなります。熟成ワインは糖分がアルコールに変化していますので、比重が下がっていきます。つまり熟成度の高い高級ワインを用いればいいということなのですが、長い試験管を横倒しにできる水槽をワインで満たすためには、大量の赤ワインが必要です。

幸いなことに、パスカルの父は裕福だったので、息子のために費用をすべて出してくれました。

実験は大成功です。赤ワインを満たした試験管内の、10メートルより少し上のところに真空が生じました。パスカルはさらに重要なことを発見しました。トリチェリの水銀柱でも、日によって高さが微妙に変化するという現象が起こっていたのですが、パスカルの赤ワインの柱ではもっと微妙な変化まで確認できます。毎日、その赤ワインの柱を見つめているうちに、パスカルは大発見をすることになります。

気圧（空気の重量が地面や水面を圧《お》す力）が低くなると、天気が悪くなる。

パスカルは人類史上初めて、科学的な天気予報に成功したのです。

パスカルは晩年には乗合馬車というシステムを考案して実際に実現しています。それまで辻馬車（現在のタクシーにあたります）というものはあったのですが、それを安価で誰でも乗れるようにしたものです。8人乗りの馬車が一定の路線を走ることで、5ソルという安い料金で路線内ならどこまでも行けるというシステムは、「5ソルの馬車」と呼ばれました。

このシステムは19世紀になって、大型車輛《しゃりょう》や屋根にも座席をつけるなどの改良で急速に普及し、オムニバス（すべての人のためという意味です）と呼ばれるようになります。これが現在の「バス」の語源です。

歯車式計算機、天気予報、オムニバス……。このように列挙すると、パスカルという人はずいぶん実用的なアイデアを提出した人のように見えますが、本人は生涯にわたって自宅に引きこもっているような人物でした。浮力について研究し、アルキメデスの浮力の法則の原理を解明しました。水などの液体で満たしたピストンの圧力についての数多くの実験をして、「パスカルの原理」と呼ばれる法則を発見しました。

そんなふうに数多くの研究成果を遺《のこ》したのですが、すべて自宅にこもって単独で研究したものです（高山では気圧が低下するという実験は義兄に頼んだのですが）。とにかくパスカルは孤独が好きだったようで、大学や学会と関わることはありませんでした。

パスカルは自宅に引きこもって、ひたすら《宇宙》と対峙していたのです。望遠鏡で宇宙を眺めたわけではありません。パスカルが見つめていたものは《真空》でした。しかしその「真空」というものは、「宇宙」そのものだったのです。

このことは次章の重要なテーマになるのですが、ここでは話をルネ・デカルトに移すことにしましょう。

パスカルは生涯を引きこもり状態で思索に明け暮れた人物ですが、手紙のやりとりで同時代人との交流は続けていました。たとえば大数学者ピエール・ド・フェルマー（1601〜65）と文通することによって、確率論の基礎を打ち立てたとされています。

16歳のパスカルが『円錐曲線論』を発表して数学の世界にデビューした時、すでに偉大な哲学者で数学者でもあったルネ・デカルト（1596〜1650）は、子どもにこんな論文が書けるかと最初は信用しなかったようです。しかしパスカルと文通するようになって、その才能に驚くことになります。もっともデカルトは最後まで、《真空》などというものが存在するはずはないと言い張っていたのですが。

デカルトは観念的な哲学者ですので、物理学の分野で業績を遺したわけではありません。ただあらゆる実在を疑うという独特の懐疑哲学から、「われ思う、ゆえにわれあり」という言葉に象徴されるように、意識する主体を除く、あらゆる実在に疑いの目を向けているうちに、哲学のオマケのような形で、解析幾何学という数学の分野を確立することになりました。

これも伝説にすぎないのですが、軍隊に入ったものの訓練に耐えられずに医務室で寝ていたデカルトの頭の上を、蝿が飛びました。それだけのことで、驚くべき着想がうかんだといわれています。

デカルトはあらゆるものの実在を疑っていました。実在を疑うというのは、何かが見えていても、夢なのかもしれないということです。現在なら、映画やテレビがありますから、本物らしく見えていても、ただの画像にすぎない。つまりは幻影にすぎないということを、誰もが知っています。昔の人も、人形芝居や影絵芝居を見ていますから、デカルトは蠅が飛んでいるのを見て、これは幻影かもしれないと考えたのです。

そんなことを考えていると、目の前の蠅が、クルッと回転しました。円を描いたり、いびつな楕円《だえん》を描いたり、急にUターンして放物線を描いたり、蠅は自在に飛び回ります。円とか楕円とか放物線（これらはパスカルが論じた円錐曲線と呼ばれる図形です）というものは、幾何学で厳密に定義できます。蠅が実在するかどうかはともかく、幾何学の抽象的な概念は確かに実在するのではないか。

そこまで考えたデカルトは、幾何学的な図形を、幾何学の用語で定義するのではなく、もっとシンプルに規定できないかと考えました。そして、突然、あることを思いついたのです。

さて、デカルトは何を思いついたのでしょうか。

中学校でちゃんと勉強した人なら、誰でも知っていることです。

答えは座標です。あの縦のY軸と横のX軸が直角に交差したグラフですね。あのグラフ上では、直線はもとより、円も楕円も放物線（それから双曲線）も、簡単な数式で表すことができます。さらに、円と直線の交点（1点で接する場合は接点といいます）のようなものは、連立方程式を解くことで簡単に求められます。

デカルトが思いついた座標を使えば、幾何学の問題を、代数で解くことができるのです。このように、数式によって幾何学の問題を解く分野は、解析幾何学と呼ばれるようになりました。

この解析幾何学というのは、ガリレオには与えられなかった武器でした。しかし次に登場するニュートンは、この武器をもっていました。

そこから物理学の新たな世界が開けていくことになるのです。

ニュートンの頭上からリンゴが落ちた

その出来事がいつ起こったのか、正確な年月日は記録されていません。ペストの流行で大学が閉鎖されていた時期だということなので、1665年ごろのことだと考えられています。母の農園に滞在していたアイザック・ニュートンの頭上からリンゴの果実が落下した。起こったことはそれだけです。

わたしは小説家ですので、もう少しドラマチックな情景を想いうかべてみたいと思います。若きニュートン青年（22歳くらいでした）の前方には、昇ったばかりの満月があったということにしておきましょう。そこでニュートン青年はつぶやきます。

「リンゴは落下するのに、月はなぜ落ちてこないのだろう……」

これは単に科学史という分野だけではなく、人類全体の歴史の中でも、画期的な瞬間であったと思われます。

この瞬間に何が起こったのか。

ニュートンは一瞬にして、宇宙の最も基本的な原理に気づいたのです。

一瞬で気づくというのはどういうことか。わたしはニュートンではないので、詳しく説明することはできませんが、天才と呼ばれる科学者には、時としてそのような瞬間が訪れることがあるのです。

たとえば、この本の後半で語ることになると思いますが、アルベルト・アインシュタイン（1879〜1955）は、友人とコーヒーを飲んでいる時に、一瞬にして、あることに気づいたと伝えられています。

その友人は甘党だったらしく、コーヒーに何杯も砂糖を入れたのですね。砂糖を入れすぎると、全体が水飴《みずあめ》みたいに、ねばりけが出てきます。そのようすを見ていたアインシュタインは、砂糖の投入量と、ねばりけの強さの相関関係を調べれば、砂糖分子の大きさがわかるはずだということに気づいたのです。アインシュタインはこの年、「特殊相対性理論」「光量子仮説」「ブラウン運動の理論」など画期的な論文を次々に発表しました。頭が冴《さ》え渡っていたのでしょう。

ニュートンの場合も、異様なほどに頭が冴え渡っていた時期があったのではないでしょうか。

これはまったくの偶然ですが、ニュートンはガリレオが亡くなったその年の末に生まれています。ガリレオが去り、ニュートンが現れた。物理学はそのようにして、次の世代の天才にバトンを受け渡していくリレーのようなものなのでしょう。

当然のことですが、大学で学んだニュートンは、ガリレオの発見を知っています。重い物体は強い力で地面に引きつけられている。しかし重い物体は、動かしにくい。より正確に言えば、質量の大きな物体の速度を変化させるためには、大きな力が必要なのです。

月は遠くにあるのに、ある程度の大きさに見えています。リンゴと比べれば、途方もなく大きいはずです。当然、とても重い物体ですから、強い力で地球に引きつけられています。その月が、なぜ落ちてこないのか。

月は地球の周囲を回っています。天球が1日に1回転するのは、地球の自転によるものですが、月は天球の上を横方向に移動しています。その速度は、1カ月で天球を1周するということですから、正確に計算できます（古代ギリシャの時代にヒッパルコスが月までの距離を視差によって計算しています）。

月の速度（正確に言えば公転速度）はいまの単位で表すと秒速1キロくらいです。時速にすると三千六百キロです。新幹線の10倍以上の速さですね。

月のような巨大な質量（重さ）をもった物体が、高速で運動していると、その運動量を変化させるためには大きな力が必要です。だから地球が引っぱっても落ちてこないのですね。

しかし、運動する物体は、直進しようとする性質があります。どうして月は外の方に飛び出していかないのでしょうか。

皆さんはハンマー投げというものをご存じでしょう。室伏広治選手が投げている、あれですね。ハンマーは室伏選手のまわりで回転します。あれは室伏選手がハンマーについているチェーンを手で引っぱっているからですね。だからハンマーは円運動をするのです。

回転する物体が、外に飛び出そうとする力を、遠心力といいますが、その遠心力と、室伏選手がチェーンを引っぱる力がつりあっているから、ハンマーは円を描くのです。

月の場合は、遠心力と、地球の引力とが、ちょうどつりあっている。だから月は落ちてこないし、遠ざかることもないのです。

この程度のことは、ガリレオだって考えていたはずです。何しろガリレオ式望遠鏡で、木星の衛星の動きを眺めていたのですから。

ニュートンにはガリレオにはない武器がありました。

デカルトの解析幾何学です。解析幾何学では、円や楕円、放物線などの曲線を、簡単な数式で表すことができます。幾何学の問題を、数式に変換して、計算によって求めることができるのです。

惑星も衛星も、円運動をしています。ニュートンの時代には、ドイツの天文学者、ヨハネス・ケプラー（1571～1630）の研究も知られていました。ケプラーは惑星の動きを細かく分析して、惑星が正確な円ではなく、少しだけいびつな楕円を描いていることを証明しました。

なぜ惑星は円や楕円を描くのか。力が働いているからです。そのことはわかっているのですが、その力の働きの根本にある「原理」が、まだよくわかっていなかったのです。

落下するリンゴと、落下しない月とを眺めていたニュートンの頭の中でひらめいたのは、この「原理」でした。

天才少年であったニュートンは、すでに大学の学生だったころに、「二項定理」と呼ばれる数学の定理の証明に成功していました。これはペルシャの数学者が提出した代数の基本的な定理で、パスカルが研究を深め、ニュートンがまとめたものです。またニュートンは、のちに微分（微分の反対の手順が積分なので微積分と呼ばれることもある）と呼ばれる演算についても着想を得ていたものと思われます。

微分という演算を使えば、力が働いている時に物体がどのような曲線を描くかを、ごく簡単な計算で求めることができるのです。

ニュートンはまた光の研究にも着手していました。まだ電気が発見されていない時代ですから、夜間の室内の照明は、ロウソクなどの弱い光に頼っていました。ロウソクのすぐそばでは本が読めますが、少し離れると暗くなり、さらに離れると本が読めなくなるほど暗くなります。一点から発散される光は、あらゆる方向に拡散していくので、距離が離れると暗くなります。

ニュートンは地球の引力も、距離が離れれば弱くなるはずだと考えました。

そして彼は、「万有引力の法則」と呼ばれる彼の「原理」を、シンプルな数式で表現してみせたのです。

2つの物体間に働く引力は、物体の質量の積に比例し、距離の2乗に反比例する。

こんな簡単な式で、リンゴの落下から、月や惑星など、宇宙のすべての天体の運動を計算することができるのです。

この素晴らしい方法を思いついたニュートンは、ただちに計算に取りかかりました。リンゴと地球の距離という場合、リンゴは地球にほぼ接しているわけですが、これは地球の重心（中心）との距離と考えればいいのです。これでリンゴの落下（重力加速度）が計算できます。同じようにして月の中心と地球の中心までの距離で、月と地球の間の引力もわかります。

ところが計算してみると、月の運動に関する観測データとの間に、10パーセント以上の誤差が出ました。ニュートンはがっかりして、それっきり月のこともリンゴのことも考えなくなってしまいました。天才少年にありがちな完璧主義者だったので、わずかな誤差でも容認することができず、やる気をなくしてしまったのです。

オルガン奏者の偉大な業績

もしかしたら、ニュートンは自分が発見した「原理」を、すっかり忘れてしまって、永遠に発表しなかったかもしれません。

ただ彼は、光の研究では業績を挙げたので、科学者として高い評価を受けました。とくにニュートン式望遠鏡は、偉大な発明であり、実用的でもあったので、宇宙科学の発展の土台を築きました。

2枚のレンズを組み合わせたガリレオ式望遠鏡には、重大な欠陥がありました。レンズは光の屈折を利用したものですが、波長の長い赤い光と、波長の短い青や紫の光とでは、屈折率が異なるので、倍率を高くすると、画像が虹色ににじんで、不鮮明になってしまうのです。ニュートンは凹面鏡（凸レンズと同じ働きですがガラスの屈折を利用しないので倍率を上げても鮮明な画像を映すことができます）を用いることによって、この問題を解決しました。

人類にとって幸いだったのは、リンゴの落下からおよそ15年後、ハレー彗星《すいせい》の発見者として知られる友人のエドモンド・ハレー（1656～1742）が、彗星の運動についてニュートンに質問するという出来事が生じたことです。宇宙への興味を失っていたニュートンは、そっけなく、簡単な計算法があるよ、といったことをハレーに告げました。

その計算法を聞いて、ハレーは驚きました。実は少し前に、地球の大きさについての新たな計測が実施され、15年前には誤差のあったニュートンの数式は、天体の運行を正確に計算できることが証明されたのです。ハレーはニュートンを説得し、自分で資金を出して、ニュートンの主著『プリンキピア（原理）』を公刊しました。

ニュートンは少し変な人だったようです。世に天才と言われる人は、どことなく変な性格をしていることが多いものです。ニュートンは自分が興味をもっていることだけに集中しすぎて、人付き合いがまったく苦手という、まさに天才型の偏屈な人物でした。ニュートン力学と呼ばれる原理の公表で揺るぎのない地位を得たニュートンですが、晩年は造幣局長という地味な仕事に没頭することになります。

ニュートンは錬金術を信じていて、後半生のすべてを、他の金属から金を生み出す研究に献げたのです。その研究は失敗に終わりましたが、あのニュートンでも金を造ることはできなかったということで、金の価値が認められ、イギリスは銀本位制（ポンドという通貨の単位は銀の重さに由来する）から金本位制に移行することになりました。その結果、イギリスは世界経済の中心となっていくのですが、ニュートンの宇宙論への貢献は、そこで終わったかに見えました。

しかし、ニュートンが遺したニュートン式望遠鏡によって、宇宙論は思いがけない領域に踏み出すことになるのです。

ウィリアム・ハーシェル（1738〜1822）。ドイツのハノーバーに生まれたオルガン奏者が、趣味の天体観測を続けるうちに、途方もない宇宙観を人類にもたらすことになりました。

リンゴの落下から「原理」を発見したニュートンの場合は、まさに一瞬のひらめきだったのですが、ハーシェルの業績は生涯にわたる不断の努力によって達成されたものです。

彼は単に、星を見るのが好きだったのです。ひたすら星を眺めていた。それだけのことですが、彼の前には、それまでの誰もが知らなかった、広大な宇宙の姿が広がっていたのです。

ニュートン式望遠鏡は、業者から購入すると大変に高価なものです。ですから公費で設立された大学の天文台のようなところでないと研究はできないかと思われがちですが、望遠鏡そのものは単純な装置なので、自分で組み立てることができます。問題はできる限り大きな凹面鏡（正確に言うと断面が放物線になるような鏡）が必要だという点ですが、これも自分で根気よく研磨していけば、素人でも高性能の望遠鏡を作ることができるのです。

素人天文学者にすぎないハーシェルは、教会のオルガン奏者という仕事で生活を支えながら、助手の妹とともにひたすら夜空を眺めていました。

彼の第一の偉業は、1781年に起こりました。まったく偶然のことですが、先人たちが遺した星図に記載されていない新たな天体を発見したのです。しかもその天体は点ではなく、円形をしていました。

どれほど明るい星でも恒星の場合は、点にしか見えません。望遠鏡の視野で形をもっている天体は、太陽系内にある天体に限られます。彼は古い星図を点検して、この天体が天球上をゆっくりと移動していることを確認しました。

古来、惑星は5つしかないものだと信じられてきました。これに太陽と月を加えた7つの天体だけが、天球を移動します。だからこそ7という数字はラッキーナンバーであり、1週間が7日なのもそのためなのです。

ハーシェルは6番目の惑星を発見したことになります。地球も含めれば第7惑星ということになります。この惑星は、それまでの例にならって、ギリシャ神話の神の名で呼ばれることになりました。すなわち天王星（ウラノス）です。

この新たな惑星の発見は、占星術の世界に衝撃を与えたのですが、宇宙論の歴史においては、それほど大きな事件ではありません。ハーシェルの最大の業績は、生涯をかけて観測を続けた結果、われわれの地球や太陽が所属している銀河系と呼ばれる星の集団の全体像を提出したことです。銀河系はうすい凸レンズのような円盤状の構造をもっています。地球からレンズの端の方を眺めると星が密集しているように見えることになります。これが銀河（天の川）ですね。

ハーシェルはまた彗星研究家のチャールズ・メシエ（1730〜1817）が、彗星とまちがえないようにあらかじめ作成した星雲のリストに記された星雲の多くが、途方もないほど遠くにある星の集団であることを確認しました。つまりわれわれの銀河系の外部に、同じような星の集団が無限にあるということなのです。古代の占星術師たちは、天球というドームのようなものを想定していたのですが、宇宙というものはもっと巨大なものだということを、ハーシェルは発見したのです。

ハーシェルの重要な功績がもう1つあります。彼は連星と呼ばれる接近した2つの恒星のペアを観測して、この2つの星がダンスのペアのように互いのまわりを回転していることをつきとめ、さらにその運動がニュートン力学で計算できることを証明しました。

地球上の物理現象と太陽系の天体の動きは、ニュートン力学でほぼ解明されていたのですが、その「原理」が遠い宇宙の天体の動きにまで及んでいることを、ハーシェルは緻密な観測によって証明してみせたのです。

ニュートンの偉大さを証明したかに見えたこの連星の動きが、約百年後に、ニュートン力学の限界を示すことになりました。すなわち、この連星の動きから、アインシュタインの相対性理論という、まったく新たな世界観が生じることになるのです。

さて、わたしは宇宙論の歴史を語ってきたのですが、この流れの中で語っておきたい天文学者は、あと一人だけです。

時代は一足飛びに20世紀に突入します。エドウィン・ハッブル（1889～1953）。アメリカのウィルソン天文台の当時は最大であった口径百インチの望遠鏡で、ひたすら宇宙を見つめていた天文学者です。彼の偉大な発見によって、人類の宇宙観は一変しました。と同時に、宇宙の起源についても新しいアイデアが生じることになりました。

ハッブルは遠方にある星のスペクトル（分光器で虹のような光の帯に分離されたもの）が周波数の少ない赤色の方に偏移していることから、宇宙全体が膨張していると結論づけたのです。

宇宙はいまも、膨張を続けているのです。未来永劫《えいごう》、膨張を続けるかどうかは、いまの段階では何ともいえませんが、ここまでずっと膨張を続けてきたのだとすると、昔の宇宙はもっと小さかったということになります。宇宙の誕生の瞬間には、宇宙全体が小さな点のようなものではなかったか。

そこから宇宙の始まりに大爆発（ビッグバン）があったという宇宙観が生まれました。いまではこの「ビッグバン」というのは、誰でも知っている言葉になっています。

でも、本当にビッグバンなどといったものがあったのでしょうか。それから、未来の宇宙はどうなっていくのでしょうか。

先を急いではいけません。いままでわたしが語ってきたのは、古代の占星術から始まった、星空の宇宙論です。これは宇宙論の一部にすぎません。わたしはもう一度、古代ギリシャの時代に戻って、もう1つの宇宙論を語らなければならないのです。

もう1つの宇宙論とは何か。

実はこちらの方が、より重要な宇宙論なのです。

期待をこめて、次のページに進んでください。

第三章

出発点は「水」——もう一つの宇宙論

万物のもとをめぐる哲学者たちの論争

星空ばかりが宇宙ではありません。

わたしたちにとって、もっと大切な宇宙が、わたしたちのすぐそばに存在しています。読者のあなたのそばにも、宇宙は存在しているのです。

わたしという存在は、宇宙そのものなのです。人間とは何か。生物とは何か。物質とは何か。こういう問いかけの先にあるのが、もう1つの宇宙論です。

これを、「存在論」と呼んでおきましょう。存在論にも歴史があります。もう一度、古代ギリシャのあたりに時間を戻して、最初から語っていくことにしましょう。

西洋哲学史の第1ページに必ず出てくるのは、ミレトスのターレス（BC624〜BC546?）です。

ミレトスはエーゲ海をはさんだギリシャの対岸で、いまはトルコの一部になっています。当時はギリシャの商人たちが、地中海沿岸の各地に都市国家を築いていました。

ターレスはただ1つの言葉を遺しました。

「万物のもとは水である」

これがその言葉です。ものすごくシンプルな言葉ですが、この言葉には重要な思想がこめられています。ターレスが言いたかったのは、すべての存在は水によって構成されているのであって、それ以外のものは存在しないということです。つまりターレスは、霊魂とか命の息吹とか（もしかしたら神の存在も?）、そんなものは存在しないと、宣言しているのです。

でも、なぜ水なのでしょうか。生物は水なしでは生きていけませんね。地中海沿岸は雨量の少ないところが多く、水の大切さは誰もが知っていましたから、すべては水なのだという言説は、多くの人々に支持されたのではないかと思われます。

もう1つ、特徴があります。水は常温で液体ですね。地中海沿岸は温暖ですが、高山もありますから、雪や氷を見たことのある人は多いでしょう。水が沸騰して気体になることも誰もが知っています。固体、液体、気体と3通りの状態のことを三態といいますが、日常生活で三態を目撃することができる物質は、水くらいのものでしょう。だからこそ、水は基本物質と考えられたのです。

ターレスの「水」説に対して、他の哲学者もさまざまな見解を唱えるようになりました。基本物質は「火」だと主張したヘラクレイトス（BC540?〜BC480?）、「空気」だと主張したアナクシメネス（BC585〜BC525）、「形のない無限定なもの」だと主張したアナクシマンドロス（BC610?〜BC546?）なども登場しました。そうしたさまざまな言説をまとめたのが、シチリアの哲学者、エンペドクレス（BC490?〜BC430?）です。彼は「水」「空気」「火」に「土」を加えた、4元素説を唱えました。

彼は単一の物質がすべての根源になるというのではなく、4種の元素の組み合わせによって、あらゆる物質が生み出されると考えたのです。この4種の元素というところが、なかなかうまい着想だと思います。土は固体、水は液体、空気は気体ですから、物質の三態をそれぞれが代表していますし、火というのはただの気体ではなく、プラズマという特殊な状態になっています。この4つを組み合わせれば、何でも合成できそうな気がしてきます。

この「元素」という考え方に勇気づけられたのが、錬金術師と呼ばれた人々です。錬金術師というと、金を造ろうとする欲のつっぱった人という感じがしますが、彼らは一種の神秘主義者で、賢者の石と呼ばれる不老不死の霊薬を製造し、神の領域に近づこうとしていたのです。この霊薬は万能のパワーをもっているので、鉄とか鉛とかを金に変える霊能ももっていると信じられていました。

4つの元素の組み合わせで、あらゆる物質が構成されているのだとすれば、その配合を少し変えるだけで、鉛を金に変えることができるはずです。

彼らは、鉄鉱石に含まれる赤く錆《さ》びた鉄が、木炭とともに熱すると、ピカピカに光る鉄鋼になることを知っていました。この場合は木炭から発生する一酸化炭素が還元剤（酸素を奪う物質）として働くのですが、同じように黒く錆びた酸化銀が還元剤によって光り輝く純粋の銀になったりするところを見れば、金を生み出すことも夢ではないという気がしてきます。錬金術師（アルケミスト）と化学者（ケミスト）は、まあ、似たようなものですね。錬金術師たちの研究が、やがて化学と呼ばれるようになったのです。

わたしたちが見かける現象の中には、何かが結合したり、分解したりしているのではと感じさせるものがあります。人類は太古の昔から、そういう現象を生活に役立てていました。

代表例を1つ挙げるとすれば、「漆喰《しっくい》」と呼ばれる石灰（消石灰）です。地中海沿岸の人々は、日干し煉瓦《れんが》や木材で家を建てたあと、石灰を塗って強度を高め、雨に強い住宅に変えていました。白く塗られた石灰は美観の面でも有用です。

古代の人々は原理はよくわからないものの、石灰を有効に使っていました。石灰は石灰岩を焼いて粉にしたものです。石灰岩は建材として用いられますが、石を切りだして運搬し、積み上げて住居にするには、大変な費用がかかります。王さまとか貴族だけに許された建材です。しかし採掘現場で石灰岩を砕いて焼き、粉末状にした石灰は運搬がしやすくなります。その石灰を水に溶かして日干し煉瓦の建物に塗れば、安価で堅牢で美しい住居に仕上げることができます。

石灰岩を焼くと、何が起こるのでしょうか。石灰岩の主成分は炭酸カルシウムですが、焼くと炭酸が抜けて、酸化カルシウム（生石灰）になります。これは水を吸うと熱を発生する性質があるので、あらかじめ水を吸わせて水酸化カルシウム（消石灰）としてから利用します。これを煉瓦の隙間につめて接着剤にすることもありますが、さらにべったりと表面に塗ると強度が高くなります。水で練った石灰は粘土のような軟らかいものですが、水分が蒸発すると固くなります。実は水分が蒸発する過程で、空気中の炭酸ガス（二酸化炭素）が水に溶けてカルシウムと結びつき、炭酸カルシウムに変化するのです。

つまり石灰（漆喰）というのは、石灰岩から炭酸ガスを抜いて、扱いやすい水溶液にしてから、再び炭酸ガスを吸わせて、もとの強固な石灰岩に戻すという働きをしているのです。

硬くて重い石を加工するのは大変な作業ですが、石灰の粉を水に溶かして粘土状にすれば、思い通りの形状に加工することができます。石灰に粘度などの成分を混ぜたものがセメント、そこに砂や砂利を加えたものがコンクリートですから、現在のわたしたちにとっても、なくてはならない建材といっていいでしょう。

古代の人々は、原理を知らなくても、化学変化による物質の結合や分解を巧みに利用していました。4元素説はまさにそのような化学変化を解明する原理だと考えられたのです。しかしながら、錬金術師たちの長い年月をかけた研究で、エンペドクレスが挙げた4元素説では解明できないような現象が生じることもわかってきました。たとえば、次の3つの物質は、どうやっても4元素には分解できないと、錬金術師たちは結論づけたのです。

その3つの物質とは、硫黄《いおう》、水銀、食塩です。そこで従来の4元素説を拡張して、7元素説が唱えられるようになったのですが、さらに研究が進むと、元素の種類はどんどん増えていくことになります。

ちなみに、水、火、空気、土の4元素は、近代化学では元素とは認められません。水は水素の酸化物ですし、火は水素や一酸化炭素が燃焼（酸化）する時に電離して発光する現象です。空気は窒素ガスと酸素ガス（および微量の二酸化炭素）の混合物です。土は……。

これは簡単には説明できない複雑な混合物です。岩石（ケイ素やアルミニウム、マグネシウム、カルシウムなどの酸化物）が砕けて粒状になったものに、樹木から出た有機物が混ざったものといえばいいでしょうか。

新たに加わった3元素のうち、硫黄と水銀は元素ですが、食塩は塩化ナトリウムという化合物です。この物質は水にはよく溶けるのですが、塩素とナトリウムに分解して単体（1種類の元素だけの物質）にするのは至難の業です。近代になって電気というものが発見され、電気分解ができるようになって、人類はようやくナトリウムという元素の単体を目撃できるようになったのです。

分割できない粒子アトム（原子）の登場

元素（エレメント）という考え方は近代科学の時代になってからも、多くの研究者に支持されていました。しかしエンペドクレスと同時代に、デモクリトス（BC460?〜BC370?）という哲学者がいたことは、すっかり忘れ去られていました。彼は万物のもとになっているのは、粒子だと考えました。これ以上分割できない小さな粒子があって、それによってすべての物質が構成されているということです。

分割できないものというギリシャ語から、その粒子はアトム（原子）と呼ばれました。

そこから話は一挙に、二千年以上、先に進むことになります。18世紀末から19世紀のイギリスの科学者、ジョン・ドルトン（1766〜1844）の登場です。

ドルトンはクェーカー教という、従来のカトリックに対抗するプロテスタントの一派の家庭に育ちました。プロテスタントというのは、形骸化したカトリックの因襲を打破して、より自由な生き方をしようという流れもありましたが、逆に、より純粋な神秘主義に傾いていく宗派もあったのです。クェーカー教というのはまさにそちらの方でした。ドルトン自身も単なる近代科学者ではなく、古代ギリシャの哲学などにも興味をもった、哲学者としての側面をもった人物でした。

彼はアトム（原子）という言葉を用いて、自らの物質観を表明したのですが、デモクリトスの原典を読んだわけではありません。デモクリトスの言説は、ある時期、完全に抹殺されていたのです。

デモクリトスの論点のどこに問題があったのでしょうか。少しあとに現れた、古代ギリシャ最大の哲学者アリストテレス（BC384〜BC322）が、「自然は真空を嫌う」などという、いいかげんなことを言ったせいだと思われます。真空というのは要するに、何もない空間です。アリストテレスは、すべての空間は何かによって満たされていなければならず、何もない真空の空間などといったものはあるはずがないと断定していたのです。デモクリトスの原子論は、あらゆる物質が粒子だと述べているのですから、当然のことですが、粒子と粒子の間には、何もない空間が存在することになります。

これは古代の人々にとっては、にわかには信じられない言説だったのです。

わたしはすでに、ガリレオの弟子のトリチェリの実験の話をしました。トリチェリが実証してみせた真空というものが、いかにすごいものだったかを、改めて認識していただきたいと思います。デモクリトスの時代には、粒子と粒子の間に真空があるなどというのは、認めがたい見解だったのです。しかし、ドルトンが生きたのは、トリチェリの水銀柱や、パスカルの赤ワインの上に真空が実現したことを、誰もが認めていた時代でした。

それにしても、完全に抹殺されていたデモクリトスの見解を、どうしてドルトンは知っていたのでしょうか。とにかくアトム（原子）という言葉を用いたということは、ドルトンはデモクリトスの見解を知っていたのです。

エピクロス（BC341〜BC270）という哲学者をご存じでしょうか。いまでもごくふつうにエピキュリアン（快楽主義者）という言葉が用いられますが、これは誤解です。

エピクロスは東洋の仏教に近い、「悟りの境地」といったものを提唱した宗教家なのです。その境地のことを、彼は「アタラクシア」という言葉で表現しました。

ギリシャ語で「悩みがない」というくらいの意味なのですが、ここからアトラクション（娯楽）とか、アトラキシン（鎮痛剤の商品名）などという言葉が生じるくらい、多くの人々に浸透した思想だといっていいでしょう。このエピクロスが教理の中で、デモクリトスの原子論を唱えていたのです。

すべての物質が原子でできているのなら、人間の肉体もただの原子の集まりです。人が死ねば、肉体が分解してただの原子になるだけですから、霊魂が浮遊したり、死んだあとで地獄に落ちたりといったこともないのですね。つまり原子論は、人に安らぎをもたらす原理だとも考えられるのです。いずれにしても、そんな形でデモクリトスの名前と、物質の最小の粒子である「原子」という言葉は、人から人に伝えられていたので、ドルトンもこの言葉を用いるようになったのです。

では、ドルトンはなぜ原子論を唱えることになったのでしょうか。そこには気体の研究が関わっています。

パスカルが液体を満たしたピストンを研究して、圧力の原理を解明したというお話をしましたが、これは液体の場合です。上部に可動式のピストンのついた2つのシリンダーを底部でつなぎ（U字管）、中に液体を満たして片方のピストンを押し下げると、もう一つのピストンが動きます。この時、片方のピストンの断面積をもう一方の2倍にしておくと、圧力も2倍になって、てこや滑車のように力を倍増させることができるのです（そのかわりに動く距離は半減します）。

このパスカルの原理は、現在でもさまざまなところで応用されています。油圧ジャッキとか、油圧ブレーキなど、液体を密閉した装置は、乗用車や航空機など、さまざまな工業製品で用いられています。

液体は圧力をかけても体積はほとんど変わりません。体積が変わらないので、離れたところに力を伝えることができるのです。

気体の場合は事情がまったく違います。気体は圧力をかけると体積が縮むのです。縮んだ気体は密度が高まりますので、圧力は上がります。ピストンを押して気体の体積を半分にすると、圧力が2倍になっていますので、そこで手を放すと、ピストンはもとの位置に戻ります。まるでバネのように戻ってくるということで、空気バネと呼ばれることがありますし、車のサスペンションに実際に空気バネを用いることもあります。

体積が2分の1になれば圧力が2倍になるというのは、イギリスのロバート・ボイル（1627〜91）が発見した原理で「ボイルの法則」と呼ばれています。ボイルは気体について、こんなふうに考えていました。気体というのは真空中を弾力に富んだ（おそらくは丸い）粒子が飛び回っているもので、これをピストンで押して体積を2分の1に縮めると、粒子の密度が上がってピストンに衝突する粒子の数が2倍に増える。これが圧力が上がるという現象なのだ……と。

一方、フランスのジャック・シャルル（1746〜1823）は、温度が上がると気体の体積が膨張するという現象を、定量的に分析して、温度が1度（摂氏）上がると、体積が273分の1増えるという、「シャルルの法則」を発見しました。

この273という数字は、何とも中途半端ですが、摂氏という目盛りは水が凍る温度を0度、沸騰する温度を100度としただけのものです。そこで目盛りの刻みはそのままに、マイナス273度を0とする絶対温度（記号はK）というものが生まれました。絶対温度で考えると、すべての気体の体積は、0から始まる正比例のグラフで表現できます（**図4**）。

ただし、そのグラフの絶対温度0のところを見れば、体積も0ということになります。

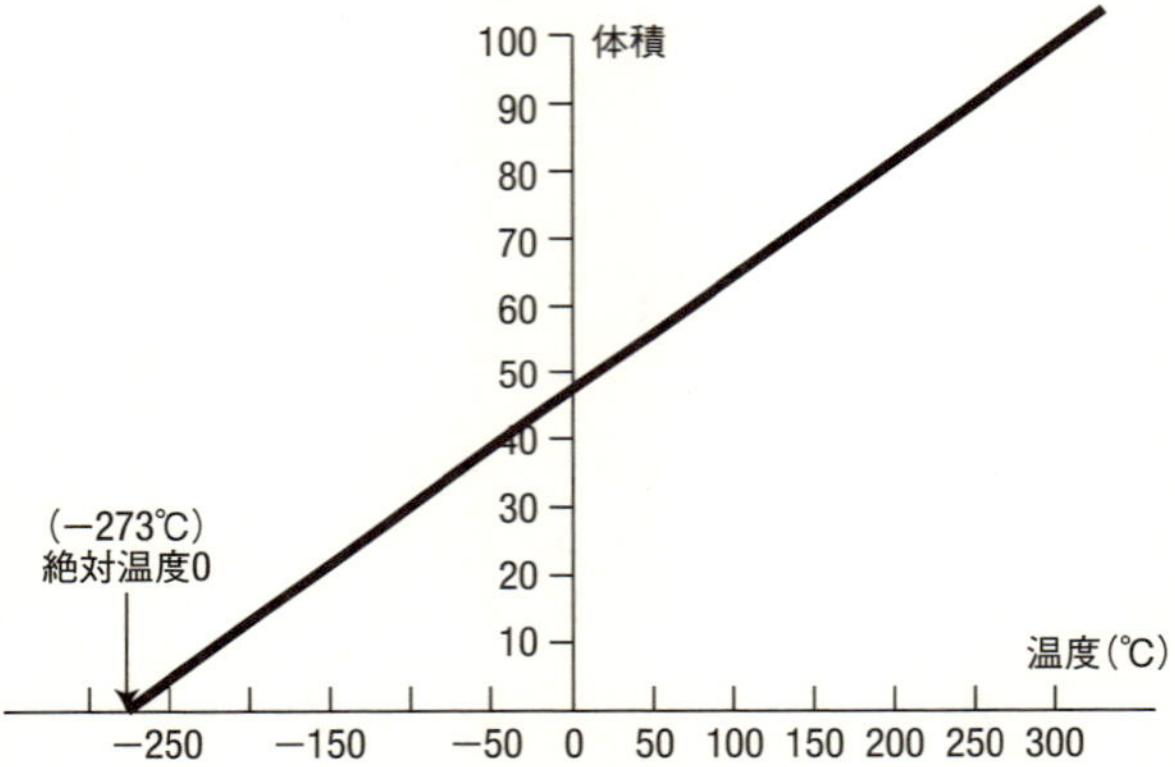

図４　気体の体積と温度

それはどういうことでしょうか。絶対温度０というのは、粒子がもっている運動量が０になるということです。気体の体積というのは、運動している粒子同士が互いに衝突したり、周囲の壁を押したりして、圧力によって体積を維持しているわけですが、粒子が運動しなくなれば圧力も０になるということで、真空そのものになってしまうことを意味します。

もっとも、気体がパワーを失えば、体積が０になる前に液体になってしまいますので、グラフはそこで、すとんと落ちてしまうことになるのですが。

ボイルやシャルルの成果を踏まえれば、気体というものが、真空の中を飛び回っている粒子であることは間違いないという気がしてきます。

ドルトンはそこから、あらゆる物質はアトム（原子）という粒子で構成されているという学説を発表したのですが、その学説がすぐに受け容《い》れられたわけではありません。話はそれほど簡単には、先に進まなかったのです。

その困難の一端を次にご紹介しましょう。

気体に関する怪しげな仮説

この本の始めの方で、ヒッパルコスの話をしました。惑星の不思議な運動を、いくつかの回転運動の組み合わせだと考えて、複雑な数式を組み立てたヒッパルコスのシステムは、占星術の占いに役立つ程度には、惑星の未来の動きを予測することができたのです。

コペルニクスの出現によって、ヒッパルコスの数式は無意味なものになりました。コペルニクスの見解の方が、原理としてはシンプルだったのです。さらにニュートンの出現によって、天体の運動はもっとシンプルな原理に従っていることがわかりました。

シンプルなものにこそ、真実がある。

科学の歴史とは、複雑怪奇に見えた自然現象を、シンプルな原理で解明することによって、多くの人々の理解を得るとともに、実用上の利便性をも実現した、その過程の積み重ねなのです。

ドルトンの原子論は、あらゆる物質が微小な粒子によって構成されているという、シンプルな図式を見せてくれました。しかし、それですべての現象が解明されるというわけにはいきませんでした。

順を追ってお話ししましょう。

まずはドイツの錬金術師、ヨハン・ベッヒャー（1635～82）の話から始めましょう。この人は最後の錬金術師（ニュートンもそう呼ばれることがあります）と呼ばれることもあるくらいで、錬金術から化学への過渡期に活躍した人物です。

ベッヒャーはエンペドクレスの4元素のうちの「火」を排除して3元素説を唱えた人ですが、そのかわりに、「土」の性質を3種に分類しました。すなわち「ガラス性」（固形物の硬度）、「流動性」（形態の変化）、「油性」（燃焼のもと）の3種です。つまり「火」の要素を、「油性の土」の中に入れることで3元素としたのですね。

弟子のゲオルグ・シュタール（1660～1734）は、もはや化学者というべき人物ですが、師が考えた「油性の土」という概念をさらに発展させて、「燃焼のもと」となる仮想の物質として、ギリシャ語の「燃える」という言葉から、「フロジストン」というものを想定しました。

燃焼というのは、のちに明らかになったように、物質に酸素が結合する「酸化」と呼ばれる化学反応なのですが、変化が激烈で、発光や発熱を伴い、時には爆発するという、神秘的で不可解な現象です。

エンペドクレスが「火」を4元素に加えたのも、「火」というものが何なのか、よくわからなかったから、とりあえず元素に加えたということではなかったかと思われます。シュタールはこの燃焼という謎の現象を、フロジストンという概念によって説明しました。可燃物の中には、フロジストンがつまっていると考えたのです。

たとえば木炭が燃えるというのは、木炭の中のフロジストンが一気に空中に発散される現象だとシュタールは考えました。木炭が燃えたあとの灰は、フロジストンがすべて発散した抜け殻ということになります。

シュタールは金属が錆びるという現象も、フロジストンで説明しました。鉄の鉱石は赤く錆びた酸化鉄として産出されます。錆びた鉄はフロジストンの抜け殻です。製鉄所ではこの鉄鉱石を可燃物（すなわちフロジストンを含む）の木炭や石炭とともに溶鉱炉に入れて熱します。すると木炭の中のフロジストンが鉄鉱石に移行するので、ピカピカの鉄鋼に生まれ変わるというわけです。

次に登場するのはユニテリアンというキリスト教の一派の牧師の家に生まれた、イギリスのジョゼフ・プリーストリー（1733～1804）です。ドルトンもクェーカー教の生まれでしたが、こういう新興宗教が身近にある環境で育った子どもは、何に対しても意欲的で、好奇心にあふれているということがあるのではないでしょうか。

父は小さな教会に所属していたのですが、すぐ隣にビール工場がありました。プリーストリーはたまたま隣の工場を見学して、ビールの泡というものに興味をもちました。この泡を集めて研究すると、空気よりも重いことや、その中ではものが燃えないことがわかりました。皆さんはこれが何かおわかりだと思います。炭酸ガス（二酸化炭素）ですね。

プリーストリーは大発見をしたと喜んだのですが、残念ながらこの気体は、すでにスコットランドのジョゼフ・ブラック（1728～99）が発見して「固定空気」と名づけていました。皆さんにはすでに石灰（漆喰）のお話をしましたね。石灰岩を焼くと炭酸ガスが脱けて、石灰ができます（正確に言うと生石灰で、これに水を吸わせた消石灰が漆喰の原料です）。漆喰を壁に塗ると、水分が乾いていく過程で、空気中の二酸化炭素が吸収されて、炭酸カルシウムになります。もとの石灰岩に戻ったことになります。

つまり石灰岩には、炭酸ガスが閉じこめられ、「固定されて」いるのですね。それでこの気体を「固定空気」と命名したのです。

二酸化炭素については遅れをとったプリーストリーですが、このことから化学の研究に興味をもった彼は、研究を続け、今度は本物の大発見をなしとげることになります。

空気中で水銀を熱すると赤茶色の錆び（酸化物）に変化します。これを試験管に密封して、凸レンズで焦点に集めた太陽光をあてると、気体が発生します。この気体には驚くべき特徴があります。この気体の中では、可燃物は爆発的に激しく燃焼しますし、鉄のようなふだんは燃えることのない金属までが、激しく燃焼するのです。

皆さんも小学生の時に理科教室で、酸素の中でものを燃やす実験を見た記憶があるはずです。燃焼というのは、激しく酸化するという現象ですから、酸素の中では、ものはよく燃えるのです。プリーストリーは太陽光線によって酸化水銀を分解して、酸素を発生させることに成功したのです。

しかしフロジストン説を信じていたプリーストリーは、こんなふうに考えました。この空気（酸素ガス）の中には、フロジストンがまったくない。そこで可燃物の中のフロジストンは、ふつうの空気よりも激しく、その中に発散していくことになるのだ。このような考え方から、彼はこの気体を、「脱フロジストン空気」と命名しました。

この気体を「酸素」と命名したのは、フランスの偉大な化学者、アントワーヌ・ロラン・ラヴォアジエ（1743〜94）です。彼は燃焼という現象を、フロジストンが空気中に発散するのではなく、空気中の酸素が可燃物と結びつくという、正しい見解をもっていました。それゆえに、近代化学の父と呼ばれることがあります。

彼は酸化物を作るのは酸素であるという正しい認識をもっていたのですが、硫黄や燐《りん》の酸化物の水溶液（亜硫酸や硝酸）が酸っぱいことから、酸性の物質のもとであると考え、ギリシャ語の「酸っぱい」という言葉から「酸素」と名づけました。残念ながらこの見解は間違っていました。同じく酸性の塩酸（塩素と水素の化合物）には酸素は含まれていません。酸性の物質に必ず含まれているのは、実は「水素」でした。

ラヴォアジエはフロジストン説によらない正しい認識をもっていたのですが、新しい気体の発見という点では、つねに遅れをとってしまうという不幸な学者でした。彼は水素の研究もしていたのですが、水素の発見は、次にご紹介するキャベンディッシュの功績とされてしまいました。ダイヤモンドを燃やすと二酸化炭素になる実験（もったいない！）をして二酸化炭素の性質についても研究していたのですが、これもブラックに遅れをとってしまいました。実験の経費を稼ぐために収税人をしていたことから、最後はフランス革命で処刑されてしまいました。何とも気の毒な人物です。

もう一人、新たな気体の発見者の話をしておきましょう。イギリスの化学者、ダニエル・ラザフォード（1749〜1819）です。彼は密閉した容器の中でロウソクを燃焼させる実験をしました。やがてロウソクは燃え尽きます。酸素がなくなったわけですね。代わりに二酸化炭素ができているはずですが、容器の中に石灰水（水酸化カルシウム）などのアルカリ性の溶液を入れておくと、二酸化炭素は吸収されます。すると容器の中には、酸素でも二酸化炭素でもない気体が残ることになります。

この気体の中では、可燃物でも燃えることはありません。可燃物の中のフロジストンが、その空気の中には発散していかないのです。ラザフォードはその理由を、その空気（のちに窒素と呼ばれます）にはフロジストンが飽和状態になるほどいっぱいつまっているので、可燃物のフロジストンがその空気の中に出ていけないと考えました。そこで彼はフロジストンがいっぱいにつまったこの気体を、「フロジストン空気」と名づけました。

60年間埋もれていたアボガドロの論文

最後に登場するのは、ヘンリー・キャベンディッシュ（1731〜1810）です。彼は金属に酸性の溶液を反応させた時に生じる気体（水素）が可燃性であり、しかも非常に軽いことから、これこそはフロジストンそのものではないかと考えました。キャベンディッシュは実験を続け、この気体を燃焼させると、水だけが発生すること、さらに水素2リットルと酸素1リットルの混合気が、爆発的に燃焼することや、その結果、水蒸気2リットルが発生することをつきとめました。

実はこの結果が、ドルトンの原子論の前に、大きく立ちはだかったのです。ドルトンはキャベンディッシュの実験結果を知らなかったので、当初は単純に、水素原子1個、酸素原子1個で水ができると考えていました。まだ定量分析というものの重要さが認識されていなかったのでしょう。

キャベンディッシュの定量分析で、ドルトンの原子論の欠陥があらわになりました。体積比をそのまま原子の個数だと考えると、水素原子2個と酸素原子1個で、水の粒子が1個できることになるはずです。つまり水素2リットル、酸素1リットルから、水蒸気1リットルができるということになります。ドルトンの原子論では、水蒸気は1リットルでなければなりません。

ところが水素と酸素の反応で発生する水蒸気は、2リットルだというのです。ボイルやシャルルの研究で、どんな種類の気体も、ボイルとシャルルの原理に従うことがわかっていますから、水蒸気だって同じことです。体積比がそのまま原子の個数だとすれば、水蒸気（すなわち水を構成している粒子）は2個できていることになりますが、なぜ2個になるかということを、ドルトンの理論では説明できません。

いったいこれはどういうことなのでしょうか。

この謎を解いたのは、イタリアの田舎町（当時のトリノは田舎町でした）の教授だったアメデオ・アボガドロ（1776～1856）です。彼はフランスの学会誌に、この謎を解く画期的な論文を発表していたのですが、無名の研究者の論文には誰も注意を払うことがなかったので、この論文は60年間、埋もれたままになっていました。

この論文には「同じ温度、同じ圧力、同じ体積の気体の中には、気体の種類にかかわらず、同じ個数の分子を含む」（アボガドロの法則）といったことが書かれています。ここでは単なる粒子でも、ドルトンの原子でもなく、「分子」という耳なれない言葉が用いられていました。分子（モルキュール）というのは、「かたまり」というくらいの意味です。のちには摂氏0度、1気圧、22・4リットルの気体の中に含まれる分子の個数は、気体の種類にかかわらず同じであり、その個数は6にゼロを23個つけた数字だということが、常識となりました（高校の化学の時間に習います）。この数はアボガドロ数と呼ばれています。

このアボガドロの「分子」という概念が画期的なのは、物質のもととなる原子と、分子というものを区別したことです。水のように、種類の異なる原子が結合したものはもちろん分子なのですが、アボガドロのすごいところは、水素や酸素のような、単一の元素でできている気体について、原子と分子を区別したことです。

もっと単純に言えば、こういうことです。アボガドロのアイデアでは、水素分子は、2個の水素原子で構成されているのです。酸素も同様です。すると水素ガスが燃焼するという過程は、水素分子2個（水素原子4個）と酸素分子1個（酸素原子2個）から、水分子2個（水素原子4個＋酸素原子2個）ができるということになります（**図5**）。反応の前後で、原子の数はぴたりと合っていますね。

1860年、フランスとドイツの国境に位置する小都市カールスルーエで開かれた第一

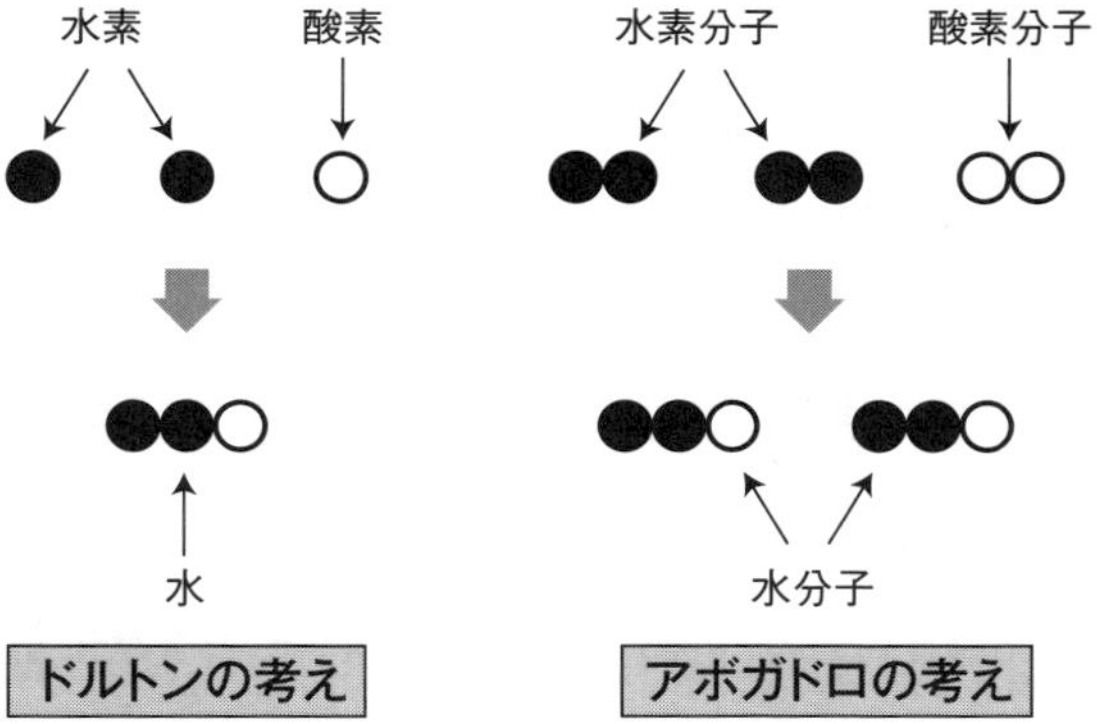

図5　水の燃焼

回国際化学学会で、60年前の論文に目を通していたイタリアの化学者スタニスラオ・カニッツァーロ（1826〜1910）が、長年謎であった水素の燃焼を始めとする、あらゆる化学反応について、原子と分子という概念を用いて解き明かしたことから、一躍、アボガドロの業績が認められるとともに、ドルトンの原子論も広く知れ渡ることになりました。

ここまで、フロジストン仮説をもとにして迷路の中に迷い込んだ科学者たちが、いかにしてそこから脱出したか、そのプロセスを語ってきました。ヒッパルコスの仮想の円と同様に、フロジストンという概念は、いまでは完全に忘れ去られています。

それが仮説というものの宿命です。

デモクリトスやドルトンが提唱した「原子（アトム）」という概念も、やがては陽子、中性子、電子、中間子といった素粒子で説明されるようになりますし、その素粒子も、クォークと呼ばれる基本素粒子に集約されることになります。しかしその基本素粒子も、新たに登場したヒモ理論や、これから登場するかもしれない最新の理論によって、駆逐される日が来るかもしれないのです。

けれどもわたしは、ターレスから始まったすべての仮説を、評価したいと思います。よりシンプルな原理によってすべてを解き明かそうとする、その意気込みみたいなものが大切なのです。

それこそが《考える葦》としての人間の叡智《えいち》なのです。

奇妙な科学者の奇妙な実験

フロジストン説が一段落したところで、この章もおしまいにしたいと思うのですが、水素の燃焼について研究したヘンリー・キャベンディッシュについては、まだお話ししていないことがあります。実はこの本の後半の方でも、もう一度、キャベンディッシュが登場するのですが、この奇妙な人物の印象がうすれないうちに、少し先取りして彼のもう一つの業績について語っておきましょう。

キャベンディッシュは奇妙な科学者でした。科学者というものは、おおむね「変な人」と見られることが多いのですが、この人物はとびきり変な人でした。家族はなく、極端な人間嫌いで、いつも一人きりで研究していました。広大な邸宅には使用人専用の廊下や階段が用意されていて、キャベンディッシュは誰とも顔を合わせずに1日をすごすことができました。

彼が水素の発見者であることは誰もが認めていたのですが、フランスのラヴォアジエが自分が先に発見したと主張したため、英仏の学会の間で論争が起こりました。こうした騒ぎは、キャベンディッシュの人間嫌いに拍車をかけたようです。彼は自分の知的好奇心を満足させるために研究をしていたので、名誉などはどうでもよかったのです。そして驚くべきことに、キャベンディッシュは晩年の研究の成果を、すべて公表せずに、自分のノートに記録するだけにとどめたのです。

彼の死後、広大な邸宅は近くのケンブリッジ大学に寄贈されたのですが、お化け屋敷のような状態になっていたため、誰も中に入ろうとしませんでした。およそ百年後、電磁気学の基礎を築いた偉大な科学者で実験物理学の教授となったジェームズ・マクスウェル

（1831〜79）が、研究所の拡張のためにキャベンディッシュの遺産を利用することを思い立ち、廃墟《はいきょ》となった建物の中に入ってみました。彼はそこで、とんでもないものに遭遇します。

お化けが出てきたわけではありません。そこにあったのは、瓦礫《がれき》のようになった機材に半ば埋もれた、何冊かのノートでした。キャベンディッシュが研究成果を公表することもなく、誰にも見せることのなかった実験結果の記録です。

マクスウェルも偉大な科学者ですから、興味をもってノートを見ていくと、キャベンディッシュの時代に他の科学者が手をつけていなかった実験がいくつも記録されていました。どうやらキャベンディッシュはいくつかの分野で、時代を五十年ほど先取りするような実験を試みて、いくつもの大発見をしていました。もちろん百年後のマクスウェルの時代には、すでに誰かが発見しているものばかりで、そのノートの成果に価値があるわけではありません。

ところが最後のページまで見ていくと、マクスウェル自身が目を疑うような、奇妙な実験結果が記されていました。その実験は、途中までは窒素を発見したダニエル・ラザフォードの実験と同じです。密閉した容器の中でロウソクを燃焼させ、発生した二酸化炭素をアルカリ性の水溶液で吸収するというものです。容器の中は窒素だけになるはずですね。ラザフォードの実験はそこで終わっていました。

キャベンディッシュはその最後に残った（ラザフォードが窒素だけだと思い込んでいた）気体に、少しずつ酸素を加えながら、静電気の電気火花を発生させました。雷が多いと作物がよく育つと昔から言われていたのですが、電気火花が起こると、窒素と酸素が結合して、肥料となる窒素酸化物ができます。実験器具の中にはアルカリ性の溶液がありますから、その窒素酸化物は吸収されます。

容器の圧力が下がるとアルカリ溶液が補充されるようになっているので、容器内の窒素が酸化していくにつれて、溶液の水位がどんどん上がっていきます。容器の中の窒素がすべて酸素と結合すると、容器は完全にアルカリ溶液で満たされるはずです。

キャベンディッシュはなぜこのような実験をしたのでしょうか。おそらくは強い好奇心から、空気の中に、まったく未知の気体が含まれているのではないかと、確認したかったのでしょう。そして、好奇心に満ちたキャベンディッシュの目の前に、最初の空気の1パーセントほどにあたる、小さな泡のような気体が確認されました。

アルカリ溶液に溶けることもなく、酸素とも反応しない、「不活性」な謎の気体が、空気の中に確かに存在していると、キャベンディッシュは確信したのです。

しかし彼は、この結果を公表しませんでした。

自分だけが知っている。キャベンディッシュにとっては、それで充分だったのです。マクスウェルは気体の専門家ではなかったので、ノートの内容を友人のウィリアム・ラムゼー（1852〜1916）に伝えました。彼は友人のジョン・レイリー（1842〜1919）から、アンモニアから採取した窒素よりも、ラザフォードの方法で空気中から採取した窒素の方がわずかに重いという報告を受けていましたので、もしやと思って、キャベンディッシュの実験を追試しました。確かにラムゼーの目の前にも、同じ奇妙な泡が出現しました。

他の化学者が誰も知らない、ただキャベンディッシュだけが目撃していた不活性な気体が、確かに空気中には存在していたのです。ラムゼーはその気体を、不活性であるという性質から、ギリシャ語で「なまけもの」という意味の「アルゴン」と命名しました。

ラムゼーの時代には、空気を液体化する技術が確立されていましたから、注意深く液体空気を気化させることで、その不活性な気体の中に、アルゴンだけでなく、他の元素が含まれていることも確認されました。すなわち、「新しい」という意味の「ネオン」、「かくれた」という意味の「クリプトン」、「奇妙な」という意味の「キセノン」です。

アルゴンは家庭の白熱電球の中に封入されています。ネオンは赤いネオンサインの中に、クリプトンは自動車のヘッドライトなど小型の白熱電球に入っています。これらの不活性気体は、わたしたちの生活に深くかかわっているのです。

第四章

分割できないアトムを分割する

カエルの脚から偉大な発見が……

少し未来を先取りしてしまったので、ここで時間を引き戻して、18世紀の終わりごろのイタリアの地方都市ボローニャから話を始めたいと思います。

ルイジ・ガルバーニ（1737〜98）という解剖学者が自宅で奇妙な実験に取りかかろうとしていました。彼はカエルを解剖して脚の筋肉を取り出し、真鍮《しんちゅう》（銅と亜鉛の合金）のフックにひっかけ、鉄製の窓枠にセットしようとしていました。

いったい彼は何をしようとしていたのでしょうか。

ガルバーニは静電気の実験をしようとしていたのです。

皆さんは静電気というものをご存じだと思います。自動車のドアに手をかけた時に、ビリッとくる、あれが静電気です。毛糸や化繊のセーターを勢いよく脱いだ時に、バチバチッと音がしたり、暗い寝室の中だったら火花が目撃できる。あの静電気という現象は、太古の昔から知られていました。毛皮とか絹糸を摩擦すると静電気が起きます。

松ヤニなど樹木の樹脂が化石となったコハク（ギリシャ語でエレクトロン）にも静電気を起こす性質があることから、エレクトロンと呼ばれ、神秘的な現象と考えられていました。

しかし静電気を起こすのは簡単で、硫黄とかゴムとかをとにかく摩擦すれば、いくらでも静電気は発生します。派手な火花を起こして観客を驚かせる見世物にも利用されましたが、先にお話ししたキャベンディッシュのように、窒素酸化物の発生など、化学研究に利用されることもありました。

オランダのライデン大学の研究者が開発した、ガラスびんの中に針金を張りめぐらせた装置（ライデンびんと呼ばれました）は、中に静電気を貯め込むことができたので、ガルバーニもこれを利用していました。彼は医学の研究をしていたのですが、静電気の火花を治療に応用できるのではないかと考えていたのです。

実際に彼は、解剖したカエルの脚の筋肉に電気ショックを与えると、ピクッと痙攣《けいれん》することを知っていました。さらに少し離れたところにライデンびんを置いていても、カエルの脚にあてたメスに電気が走ることも体験していました。電気は空中を飛ぶということを知っていたのです。

そこに彼の好奇心を刺激する情報がもたらされました。アメリカのベンジャミン・フランクリン（1706～90）という科学者（のちに政治家として有名になりました）が、雷を発している積乱雲に向けて凧《たこ》をあげ、用意したライデンびんに静電気を貯《たくわ》えることに成功したというのです。フランクリンは雷と静電気の火花が同じものであることを証明しました。

そこでガルバーニは、雷が静電気なら、雷が鳴った時にカエルの脚が動くはずだと考え、大きな積乱雲が出ている日にカエルを解剖して、窓枠に脚の筋肉をセットしようとしたのです（真鍮のフックと鉄の窓枠というのがポイントです）。

人類の科学技術の歴史の中で、最大級といってもいい発見が、この直後に起こります。ガルバーニがカエルの脚を窓枠にセットした瞬間に、脚の筋肉が痙攣したのです。まだ雷は鳴っていません。積乱雲も遠方にありました。それなのに、カエルの脚には電気が流れたのです。彼は念のために、雲一つない晴天の日にも、同じ実験を試みました。この時も、カエルの脚は、窓枠にセットした途端に動きました。

この現象は、ガルバーニの想像力を超えていました。何が起こっているのか、まったくわけがわからなかったのです。大魚を逸するとはこのことなのですが、地方都市の解剖学者には手に余る現象が、彼の目の前に展開されていたのです。

ガルバーニの功績は、自分では解明できなかった現象を、学会に報告したことでした。当時イタリアには、アレサンドロ・ボルタ（1745〜1827）という、超一流の静電気の研究家がいました。彼はエボナイト（イオウを混ぜた硬質ゴム）を用いた最新式の静電気発生装置を自分で作成して、高圧の静電気を発生させることに成功していました。

しかし彼の名声を一挙に高めたのは、静電気の研究ではありません。同じ電気でもまったく性質の違う未知の電気を、ボルタは発生させることに成功したのです。

ボルタという名前を聞いただけで、読者は彼の発明品が何か、おわかりになったことと思います。ボルタの電池と呼ばれる装置は、銅と錫《すず》（または亜鉛）を食塩水につけるという、ごくシンプルな構造ですが、異なる2種の金属の間には、電流が流れるのです。

ガルバーニは解剖学者だったので、カエルの脚にこだわりつづけていたのですが、ボルタはガルバーニの報告を見て、カエルの脚や雷雲の存在にかかわらず、異なる金属間に何かが起こる（実際には直流の電流が流れていました）ことに、直観的に気づいたのです。

もちろん当時の学者たちには、電流というものが何なのか、見当もつかなかったことでしょう。ただ偶然から生じたガルバーニの発見を契機として、ボルタはごく短期間に、実用的な電池を発明しました。食塩水の代わりに、ボール紙のようなものに食塩水をしみこませた「乾電池」を考案し、さらにこの装置を幾重にも重ねて電圧を高めた「積層電池」まで開発しました。

ボルタの電池の発明は、フランス大革命の数年後のことですが、科学の世界にも大革命が起こりました。原理はわからないものの、ボルタの電池はごくシンプルな装置ですから、たちまち多くの科学者が自分でも作成し、さまざまな実験に取り組むことになります。

イギリスのウィリアム・ニコルソン（1753～1815）は電気分解によって水を水素と酸素に分解することに成功しました。同じくイギリスのハンフリー・デービー（1778～1829）は高温で液化した金属化合物を電気分解して、ナトリウムやカリウムを単体で取り出しました。アルカリ金属と呼ばれるこれらの金属は、その性質の激しさから、水と反応して水酸化物になってしまい、単体で取り出すことがそれまでは不可能でした。

電気分解という方法の開発によって、化学の世界は一挙に新しい領域に進出することになります。フランス大革命のあとの政治的混乱を鎮圧して再びフランスに王政をもたらした皇帝ナポレオンが科学愛好家で、科学の研究に惜しげもなく税金を投入したため、イギリスの政府も対抗上、大学の研究所に予算をつぎこむことになります。

この時代に、現在わたしたちが知っている元素の、大半が発見されたと言っても過言ではありません。ただし、キャベンディッシュが発見したアルゴン（および同類の不活性気体）だけは、まだ彼のノートの中に封印されたままになっていたのですが……。

イギリスで数多くの発見をしたデービーには、弟子の実験助手がいました。正規の教育を受けず、製本屋の小僧さんをしていた若者です。たまたまこの製本屋では、王立科学研究所の論文などを扱っていました。この無学な若者は自分が製本する論文を読んでいるうちに科学に興味をもち、所長のデービーを訪ねたのです。デービーは若者の熱意と、手先の器用さを認めて、実験助手として雇いました。

このようにして、電磁気学の祖とも言われるマイケル・ファラデー（1791～1867）は、研究者としての人生を始めることになったのです。

ファラデーはデービーの電気分解を手伝ううちに、物質の分解と結合には奇妙な法則があることに気づきました。たとえばナトリウムやカリウム、銀などが塩素と結合する時は、1対1で結合するのに対し、マグネシウムや銅は、2倍の塩素と結合するのです。一方、炭酸や硫酸は、マグネシウムとは1対1で結合するのに、ナトリウムやカリウムの場合は、2倍の量と結合します。

つまり金属類と、塩酸、炭酸、硫酸などには、いわば結合する手足が、1本であったり、2本であったり、結合するパワーに違いがあるのですね。これをファラデーは、原子価という言葉で表現しました。ナトリウムは1価（のちにプラス1価と呼ばれるようになります）、マグネシウムは2価、塩酸基はマイナス1価、炭酸基はマイナス2価ということになります。

このファラデーの発見が、のちに原子の構造を解明する上での、貴重な第一歩となるのです。

無名のロシア人の途方もない着想

フランスとドイツの国境に位置するカールスルーエで開かれた第一回国際化学会議については、すでにお話しししました。イタリアの化学者カニッツァーロがアボガドロの仮説を紹介し、化学の世界観が一挙に前進した、画期的な会議でした。

この会議の末席に近い場所に、ロシアからの留学生がいて、会議の内容に耳をすませていたことに、おそらく他の参加者は気がつかなかったことでしょう。

ドミトリー・メンデレーエフ(1834〜1907)はシベリア生まれの苦学生でした。当時はヨーロッパの辺境と考えられていたロシアの、そのまた辺境の出身であるメンデレーエフにとって、この歴史的な現場に居合わせたことは、大きな励みになりました。

原子、分子、さらには原子価という概念が、このロシア人化学者の頭の中で、一つの壮大な夢を築いていくことになります。

メンデレーエフの周期表。皆さんも高校の化学の教科書で目にしたことがあるはずです。その当時、すでに60種以上の元素が発見されていました。メンデレーエフはその元素を質量の軽い順に並べていくと、ナトリウムやカリウムなど、1価（プラス）の金属の次には、マグネシウム、カルシウムなどの2価の金属が続くというふうに、質量の順に並べた元素の列には、一定の周期性があることを発見したのです。

最も軽い水素は特別扱いとし、次のヘリウムは未発見なので、その次のリチウム（原子価1）から順にベリリウム（2）、ホウ素（3）と並べていくと、炭素（4）、窒素（マイナス3）、酸素（マイナス2）、そして7番目のフッ素（マイナス1）と、原子価が1つずつ増減していきます。そしてその次には、ナトリウム（1）、マグネシウム（2）……、と周期性はどこまでも続いていきます。

このように7列に並べて周期表に書き込んでいくと、ナトリウム、カリウムの下の段には、マグネシウム、カルシウムが並ぶといったふうに、縦の行には性質の似た元素が並ぶことになるのです。

ただし7列の表ではやがて不具合が出てきます。カリウム、カルシウムの次には、3価のホウ素やアルミニウムに似た元素が並ばなければならないのに、しばらくの間はカルシウムと大差のない元素がずっと並んでしまうのです。しかしずっと先の方に行くと、やがて窒素や燐に似たヒ素が出現して、周期性は回復します。

そこでメンデレーエフは、カリウム、カルシウムの列からは、7列ではなく、17列で次の段に行くという設定にしました。すると次の段でも17列の周期性が見られることが明らかとなりました。しかしこの17列の表を作ると、ところどころ空欄ができました。その当時にはまだ未発見の元素がいくつかあったのです。

メンデレーエフは自信をもって、自分の周期表の空欄には、未発見の元素が位置するはずだと断定して、3つの空欄を選んでその元素の性質を予言しました。するとアルミニウムの下の空欄にガリウム、カルシウムの次の空欄にスカンジウム、ケイ素の下の空欄にゲルマニウムと、新元素が次々に発見されました。

この予言の的中によって、メンデレーエフの名声は一挙に高まり、周期表は化学の教科書には不可欠なものとなりました（**図6**）。

ただし、メンデレーエフの周期表には、重大な欠陥がありました。これは彼の責任ではありません。あの人間嫌いの奇妙な科学者キャベンディッシュが、自らのノートに書き込

図6　周期表（一部省略してあります）

凡例：1（原子番号）／1（核子数）　H（元素記号）　水素（元素名）　1.00794（原子量）

族	1	2			13	14	15	16	17	18
原子価	+1	+2			+3	±4	−3	−2	−1	0
1	1 / 1 H 水素 1.00794									2 / 4 He ヘリウム 4.002602
2	3 / 7 Li リチウム 6.941	4 / 9 Be ベリリウム 9.012182			5 / 11 B ホウ素 10.811	6 / 12 C 炭素 12.0107	7 / 14 N 窒素 14.0067	8 / 16 O 酸素 15.9994	9 / 19 F フッ素 18.9984032	10 / 20 Ne ネオン 20.1797
3	11 / 23 Na ナトリウム 22.98976928	12 / 24 Mg マグネシウム 24.3050			13 / 27 Al アルミニウム 26.9815386	14 / 28 Si ケイ素 28.0855	15 / 31 P リン 30.973762	16 / 32 S イオウ 32.065	17 / 35 Cl 塩素 35.453	18 / 40 Ar アルゴン 39.948
4	19 / 39 K カリウム 39.0983	20 / 40 Ca カルシウム 40.078	21 / 45 Sc スカンジウム〜 45.9559	30 / 65 Zn 亜鉛 65.38	31 / 70 Ga ガリウム 69.723	32 / 74 Ge ゲルマニウム 72.64	33 / 75 As ヒ素 74.92160	34 / 79 Se セレン 78.96	35 / 80 Br 臭素 79.904	36 / 84 Kr クリプトン 83.798
5	37 / 85 Rb ルビジウム 85.4678	38 / 88 Sr ストロンチウム 87.62	39 / 89 Y イットリウム〜 88.90585	48 / 112 Cd カドミウム 112.411	49 / 115 In インジウム 114.818	50 / 119 Sn スズ 118.710	51 / 122 Sb アンチモン 121.760	52 / 126 Te テルル 127.60	53 / 127 I ヨウ素 126.90447	54 / 131 Xe キセノン 131.293
6	55 / 133 Cs セシウム 132.9054519	56 / 138 Ba バリウム 137.327	57 / 139 La ランタン〜 138.90547	80 / 201 Hg 水銀 200.59	81 / 204 Tl タリウム 204.3833	82 / 207 Pb 鉛 207.2	83 / 209 Bi ビスマス 208.9804	84 / 210 Po ポロニウム 209	85 / 210 At アスタチン 210	86 / 222 Rn ラドン 222
7	87 / 223 Fr フランシウム 223	88 / 226 Ra ラジウム 226	89 / 227 Ac アクチニウム〜 227							
周期										

んだままで封印してしまった大発見、すなわち不活性な気体については、当時の化学者には知るよしもなかったのです。

水素の次には、当初は太陽の中にだけあると考えられていたヘリウム（のちにキャベンディッシュの泡の中にも含まれていることがわかりました）が位置します。7列だった段には8列目としてネオンとアルゴン、17列だった段には18列目としてクリプトンとキセノンというふうに、キャベンディッシュのノートを読んでラムゼーがたてつづけに発見した不活性気体（希ガス）が追加され、さらにその次の段には放射性元素であるラドンが加わりました。

この不活性気体には、重要な意味があります。これらの希ガスがなぜ不活性なのかというところに、謎を解く鍵があったのです。

それにしても、メンデレーエフの周期表とは、いったい何でしょうか。

なぜこのような周期性が出現するのでしょうか。

当時の化学者や物理学者にとっては、この問題はまったくの謎でした。

占星術の時代の惑星の動きが謎だったように、周期表に出現する規則的な周期性もまた、神の摂理としか言いようのない謎として、人類の前に立ちはだかっていたのです。

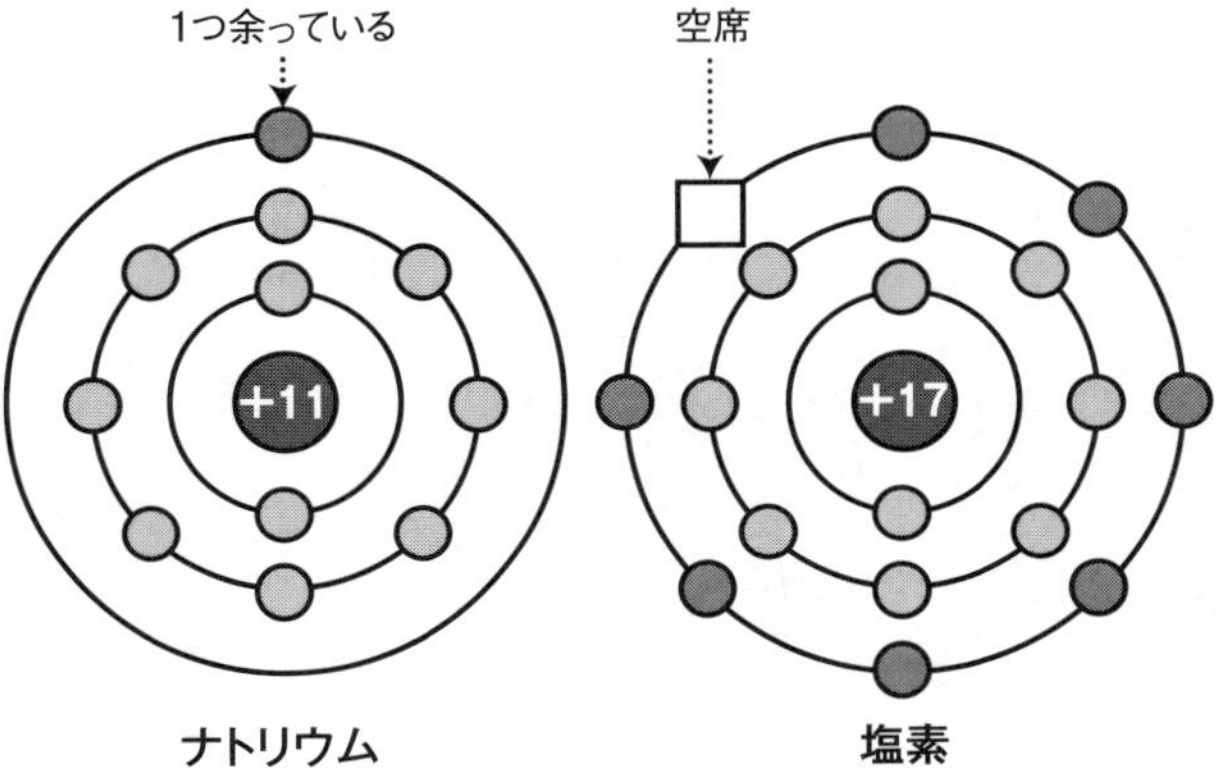

図７　ナトリウムと塩素

しかし、惑星の複雑な動きには、答えがありました。コペルニクスの地動説がそれです。同じように、周期表の謎にも、答えがあるはずです。

ここでは話を簡略化するために、いきなり答えの一端を示しておくことにします。

図を見てください（**図７**）。

これはデンマークの理論物理学者ニールス・ボーア（１８８５〜１９６２）の原子模型を簡略な模式図で描いたナトリウムと塩素の原子です。

原子核を中心に、円で表された軌道がいくつかあり、軌道上に電子が位置している。その電子の数が問題です。

左のナトリウム原子を見てください。

最も内側の第1軌道には電子が2個あります。この内側の軌道はサイズが小さいので、2個の電子が入ると満杯となります。第2軌道には8個の電子が入っていますね。これで第2軌道は満杯で、その次の電子は第3軌道に入ります。

元素を質量の軽い順に並べて番号をつけたものを原子番号と呼んでいます。ナトリウムは原子番号11の元素です。この11という番号は電子（マイナスの電荷をもっています）の数を示していますし、原子核の中にある陽子（プラスの電荷をもっています）と呼ばれる粒子の数をも示しています。

原子核内のプラスの陽子が11個、周囲のマイナスの電子が11個で、プラスとマイナスがつりあった状態になっているのですが、この最外殻（最も外側の軌道）の1個だけの電子は不安定で、すぐに外れてしまうのですね。電子が1個、なくなってしまうと、つりあいが崩れて、原子の全体がプラスに帯電するということになります（これをプラスのイオンといいます）。ナトリウムがプラス1価で激しい性質をもっているのはこのためです。

今度は塩素の方を見てください。第1軌道の電子が2個、第2軌道には8個というところまではナトリウムと同じですが、第3軌道には7個の電子が入っています。この第3軌道も8個で満杯になりますので、そこに7個しか電子がないということは、電子1個ぶんの空席ができています。

こういうところには、よそから電子が飛んできて、スポッと空席を埋めてしまうことが多いのです。すると電子の数が1個多くなりますので、全体がマイナスに帯電します（マイナスのイオン）。空席が1つある塩素は、マイナス1価になりやすい性質をもっているのです。

ということで、ナトリウムはプラスに帯電し、塩素はマイナスに帯電するので、プラスとマイナスは強烈な電気力で引き合います。そしてイオン結合と呼ばれる強固な結晶を作るのです。

電気力（磁気力と併せて電磁気力ともいいます）のパワーは強烈です。どのくらい強烈かというと、重力の一兆倍の一兆倍のそのまた一兆倍だといえばおわかりいただけるでしょうか。

それほどに電磁気力のパワーは強烈なのですが、宇宙の広い範囲を見渡すと、重力しか働いていないように見えるのはなぜでしょうか。それは電荷にプラスとマイナスがあるからです。

プラス同士、マイナス同士は反撥《はんぱつ》し、プラスとマイナスは引き合います。イオン化していない原子のように、陽子と電子の数が同じでプラスとマイナスのつりあいがとれていれば、電荷はゼロになります。

このように電磁気力は狭い範囲で消えてしまうという性質をもっているのです。

さて、ここまで話を進めてくると、メンデレーエフの周期表がなぜ7列（不活性気体を加えると8列）になるのかは、読者にもおわかりでしょう。最外殻の電子の数。これによって8つの列ができるのです。

1列目は電子が1個なので、激しい性質をもったアルカリ金属、2列目は2個なので性質が穏やかになり、3列目はアルミニウムのようなもっと穏やかな性質、4列目はプラスとマイナスの中間地点で、ここには炭素やケイ素のような、物質の核になるタイプの元素が位置し、5列目はマイナス3価になる窒素や燐、6列目はマイナス2価の酸素や硫黄、7列目はハロゲンと呼ばれる激しい性質のフッ素や塩素、そして8列目は、最外殻が満杯になっているため、まったく化学反応をしない不活性気体……。

こんなふうにして、まったくの謎だった周期表の意味が、やがては完全に明らかになる日がやってくるのです。

よそ見をしていた学生の大発見

電流というものの発見から、人類は新たな知の領域に向けて、前進を始めました。それにしても、電流とはいったい何なのでしょうか。

いまここに、食塩水に銅と亜鉛をひたした電池があるとします。その銅と亜鉛を銅線などで結べば、そこに電流が流れるということはわかっているのですが、食塩水の中では、銅と亜鉛はつながっているわけではありません。

しかしこの電池で電流を流し続けると、亜鉛が減っていくということが確認されます。亜鉛の方が、溶けやすいということなのですが、のちにはこのことを、イオン化傾向という尺度で示すようになりました。

食塩水の中では、ナトリウム（プラス）と塩素（マイナス）がイオンになっているだけでなく、水の一部も分解して、プラスの水素イオン（H）とマイナスの水酸化物イオン（OH）とに分離しています。この分離した水が金属の電子をはがしてイオン化することになるのです。

この食塩水のようなものを電解質と呼びますが、金属の種類によって、電解質に溶けやすいものと、溶けにくいものがあるのです。銅と亜鉛ですと、亜鉛の方が溶けやすいので、亜鉛がどんどん溶けていきます。電解質に溶けるというのは、亜鉛の原子が最外殻の電子を放り出して、プラスイオンになるということです。

その放り出された電子が、電線を通って銅の方に向かう。これが電流なのです。電流とは、電子の流れです。

この電解質に溶けた亜鉛のようなものを「イオン」（ギリシャ語で「旅人」）と名づけたのは、「製本屋の小僧さん」としてすでにおなじみのマイケル・ファラデーです。ファラデーの最大の功績は、この電流の流れが、パワーに変換されるということを発見し、またその原理についても研究して、電磁気学の基礎を築いたことです。

電流がパワーに変換される、その最初の瞬間を目撃したのは、実は歴史に名を刻んでいない無名の人物でした。いまはその人物のことを、エルステッドの実験室で「よそ見をしていた学生」と呼んでおきます。

デンマークの物理学者、ハンス・エルステッド（1777～1851）はほとんど何の業績も残していない人物です。ボルタの電池の発明以後、その電池を使って実験をするというのは、一種の流行になっていました。エルステッドも実験室で、学生に電流の実験を実演してみせていました。

その時、たまたま「よそ見をしていた学生」が、実験台の上に置かれていた磁針（方位磁石）の方を見ていました。エルステッド先生が回路のスイッチを入れると、電線の横の磁針がわずかに動きました。学生は先生に、なぜ電線に電流が流れると磁針が動くのかと質問しました。エルステッド先生はびっくりしました。そのような事実は、誰も発見していなかったからです。

エルステッドの功績は、この事実を学会に報告したことだけです。ただそれだけのことで、彼はかろうじて歴史に名を刻んだのですが、「よそ見をしていた学生」の名は、忘れ去られてしまいました。

さて、電流が流れている電線の横に置いた磁針が動いたというのは、どういうことでしょうか。実は直線状に電流が流れていると、その電流の向きとは直角に、電線の周囲を取り巻くような円形の磁場が発生するのです。

フランスの物理学者、アンドレ・アンペール（1775〜1836）がこの原理を発見したのは、エルステッドの報告のわずか1週間後でした。

これはモーターや発電機の発明につながる大発見なのですが、アンペールは自分が発見した原理の重大さについては、ほとんど自覚していなかったと思われます。しかしこの功績によって、アンペールの名は永遠に残ることになります。電圧の単位のボルトと並んで、わたしたちの日常生活にもかかわる電流の単位アンペアは彼の名を記念して命名されたものです。

「磁場」がもたらした新たな世界観

ここで「磁場」という言葉が出てきました。これは「宇宙」というものを理解するために、欠かすことのできない概念だといっていいでしょう。これまでわたしは、「真空」の中に「粒子」が飛んでいる、という世界観をもとに、話を続けてきたのですが、この世界観はやがて根底からくつがえされることになります。ここでは話を少し先どりして、「引力」のもとになる「場」というものについて説明しておきます。

ガリレオがピサの斜塔から砲弾を落とす。あるいはニュートンの頭の上からリンゴが落ちてくる。いずれの場合も、空間（空気抵抗を無視すれば真空と考えることができます）の中を粒子が移動するという現象だということでとりあえず理解することができました。砲弾は金属の原子が集まっていますから粒子の集合体です。リンゴの場合は植物が合成した有機物（炭素の連鎖に水素や酸素が結びついた分子）ですので、もう少し複雑ですが、とにかくリンゴというものはさまざまな種類の原子でできていますから、これも原子の集合体だと考えることができます。

物質を構成する粒子がいっせいに地球の中心に向かって運動する。これが落下という現象ですね。

しかしここに、もう一つ、見過ごすことのできない重要な要素があるのです。すなわち地球の重力です。

質量のある物体間には、引力が働く。これがニュートンの万有引力の法則でした。でも引力というものは、どのようにして作用するのでしょうか。

運動会の綱引きとか、室伏選手がハンマーを回している場面を想いうかべれば、力というものがどのように作用しているかが、イメージとして理解できます。要するに、ヒモによって力が伝えられているのですね。でも、重力というものは、ヒモみたいな目で見えるものによって作用しているものではありません。

では、重力を伝えているものは、いったい何なのか。

それまで、誰も考えなかったことなのですが、ガルバーニのカエルの脚から始まった発見が、ついに磁場という概念に到達することによって、引力というものについての新たな見解が生じることになったのです。

磁場というものを考えたのは、すでにおなじみの製本屋の小僧さん、マイケル・ファラデーです。彼は大学で基礎の数学を学ばなかったので、数式が苦手でした。そこでファラデーは、磁力というものを考察するにあたり、磁力線という、イメージしやすい図式を考案しました。

これが磁力線です（図8）。棒磁石の周囲に広がった磁力線が描かれています。棒磁石のN極から出た磁力線は、弧を描いてS極に向かいます。矢印は、その位置に方位磁石を置いた時に、磁針のN極が示す方向を示しています。図では棒磁石の周囲しか描かれていませんが、磁力線は棒磁石の左右にも延びていきます。そちらに向かう磁力線は曲がることなく、四方八方に直線的に延びていくことになります。

四方八方に広がっていくということは、棒磁石から離れて遠くの方になると、磁力線の密度がまばらになるということですが、それを見ていると、磁石から離れると磁力が小さくなるということも、一目でわかります。ファラデーが描いた磁力線の図は、「磁場」というものをイメージで見せてくれているのです。

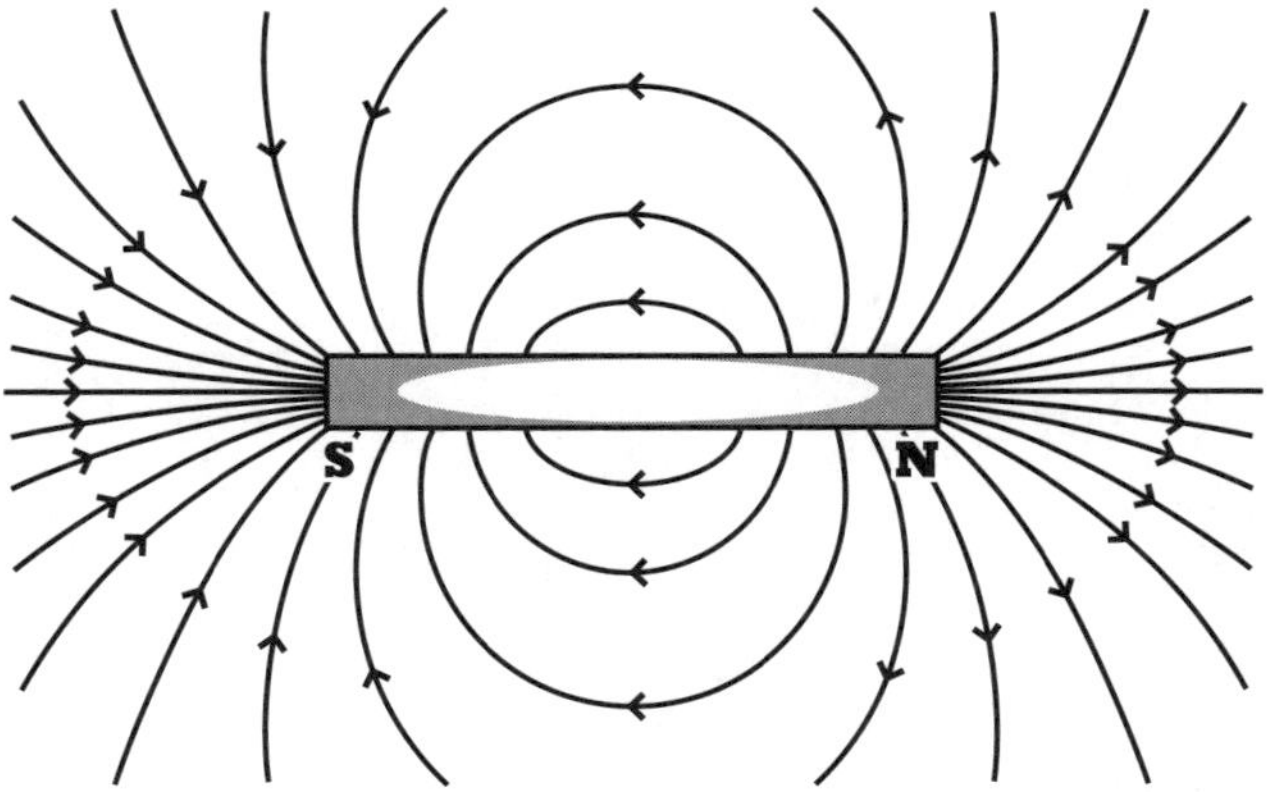

図8　磁力線

この磁場は、空間に広がっています。何もない空間に、そこに磁針を置けば磁場に沿って磁針が動き、鉄などの磁性体（磁石に引きつけられる性質をもった物質）を置けば磁力を受けるという性質が、その空間には確かに広がっているのです。

空間というものは、何もないようでいて、そのような力に関係した性質を帯びているわけですから、空間というもののとらえ方が、それまでとは変わってきました。重力についても、同じようなことが考えられるのではないか、と物理学者たちが考えるようになったのは、ずっとあとのことなのですが、とにかく数学が得意でなかったファラデーの磁場（電場と併せて電磁場ということもあります）というアイデアから、現在では重力場というものが考えられるようになりました。

ガリレオがピサの斜塔の上に昇って、砲弾を手にしている時、まだその砲弾が投げ落とされていなくても、斜塔の周囲の空間には、もしそこに質量をもった物体があれば、重力場によって地面の方向に引力がかかるという性質が、あらかじめそなわっている。つまり、砲弾を投げたらいきなり引力がかかるということではなく、何もない空間にもすでに重力場というものがそなわっているということなのです。

このように、引力というものは、空間（真空）にもともとそなわっている「場」というものによって生み出されるというのが、新しい世界観なのです（あとで詳述します）。

話を磁場に戻しましょう。方位磁石のN極が北を指すのは、地球全体に磁場が広がっているからです。地球そのものが大きな磁石なのですね。その理由は、地球の内部に熔《と》けた鉄があって、回転運動をしているため、電流が発生するからだと考えられています。

エルステッド（およびよそ見をしていた学生）は、直線状の電線の周囲に磁場が発生することを発見しました。電線のすぐそばでは、強い磁力線が出ているので、地球の磁場よりも大きな力がかかり、磁針が動いたのです。

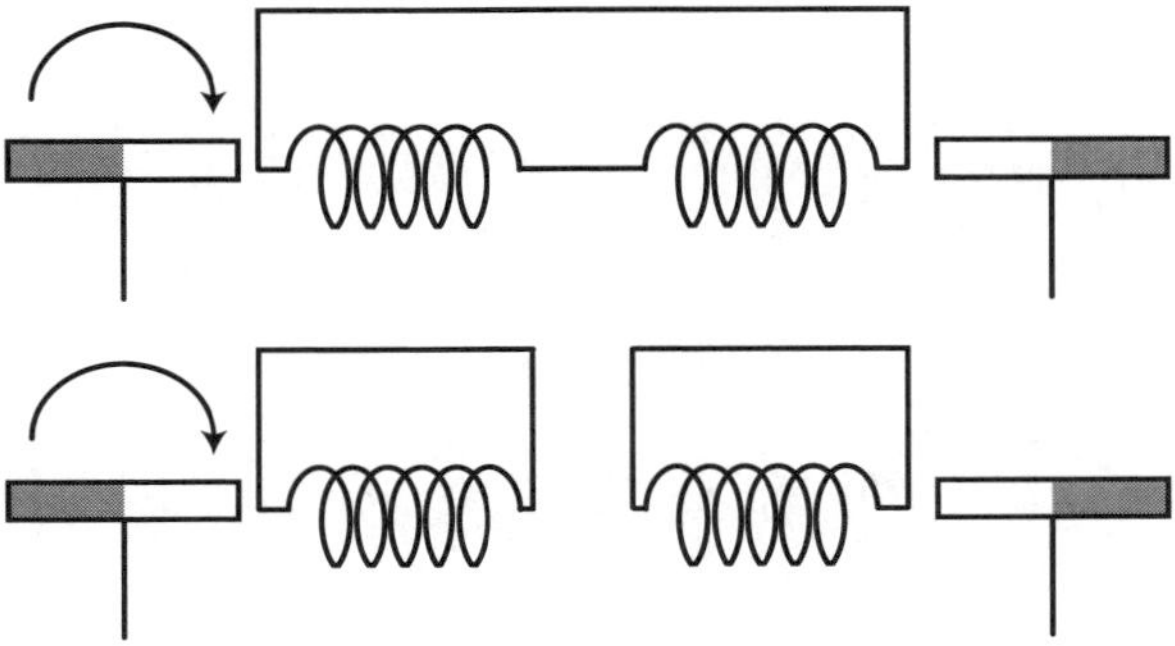

図9　発電機とモーターおよび変圧器の原理

直線状の電線の周囲に円形の磁場ができるのなら、電線を円形のコイル状にすれば、棒磁石と同じような磁場ができるはずです。アンペールはそのことを実験で確認しました。すなわち、電磁石の原理の発見です。

ここから先は、ファラデーの大活躍が始まります。彼は電動モーターの原理を発見し、さらに発電機の原理に到達するのですが、それらの実用化にはさらに長い年月が必要でした。この本は電気に関する解説書ではないので、そのあたりの展開は割愛して、原理的なことだけを1つの模式図のようなもので説明しておきます（**図9**）。

図は2つありますが、上の方の図をご覧ください。電線をラセン状にしたコイルが2つ、電線で結ばれています。その左右に棒磁石が設置され、回転できるようになっています。左が発電機、右が電動モーターだと考えてください。どこが違うのかと不審に思われるかもしれませんが、実は発電機と交流モーターとは、まったく同じ原理の装置なのです（ファラデー自身はそのことに気がつかなかったのですが）。

これはあくまでも説明のための模式図です。実際にこんな装置を作っても、たぶん作動しないでしょう。とにかく説明を聞いてください。

左の装置は発電機ですから、何らかの力で棒磁石を回す必要があります。いまは指で回すことにしましょう。棒磁石だけなら簡単に回るのですが、横にコイルがあると奇妙なことが起こります。回そうとする手に強い抵抗を感じるはずです。棒磁石を回転させると、棒磁石が発散している磁場が変化します。するとコイルの中に電流が流れ、棒磁石に反発するような向きの電磁石が瞬間的に生まれるのです。

それでもかまわずに力を入れて棒磁石を回転させます。すると棒磁石のN極とS極が反対になるので、瞬間的に発生した電磁石のN極とS極も反対になります。極が反転するというのは、電流の向きが反転するということです。つまり、棒磁石をぐるぐると回転させると、電磁石のコイルの中の電流が、回転数と同じだけ行ったり来たりするということになります。

左側のコイルは右側のコイルにつながっています。左側のコイルに周期的に反転する電流が流れれば、同じ電流が右側にも流れます。すると右側のコイルは電磁石になるのですが、この電磁石はN極とS極が周期的に反転しますから、磁石そのものが回転しているのと同じことになります。するとそれにつれて、その右側にある棒磁石が回転します。

このように周期的に反転する電流を、「交流」といいます（電池による電流は「直流」です）。左側のコイルが交流発電機、右側のコイルは交流モーターです。

あなたの部屋に扇風機や掃除機や冷蔵庫などがあれば、そこでは右側の棒磁石が回転しているのです。左側の棒磁石は発電所にあります。水力発電所ではダムの水流が棒磁石を回転させます。火力発電所ではお湯をわかして噴出する蒸気でタービン（風車のようなもの）を回転させます。原子力発電所というとものものしい感じですが、お湯をわかして蒸気でタービンを回す点は火力発電所と同じです。コイル間の電線は送電線にあたります。

世界で最初に発電所（ナイヤガラの滝の近く）を作ったのは、あの有名な発明王、トマス・エジソン（1847〜1931）です。ただしエジソンはわざわざ交流を直流に変換して送電しようとしたため、商業的な成功という点では、交流をそのまま送電したジョージ・ウェスティングハウス（1846〜1914）に負けてしまいました。

原子核の謎

ところで、先に挙げた発電機とモーターの図（図9）では、回路が電線によってつながっていました。その下の図を見てください。上の図に似ているのですが、真ん中の回路が2つに分かれているところが違っています。

実はこんなふうに電気の回路が途切れていても、交流は伝達することができます。左側の棒磁石（発電機）を回転させて左側の回路に交流が流れれば、中央の2つ並んだコイルの左側のコイルはN極とS極がたえず逆転する電磁石になるので、回転する棒磁石と同じものになります。つまり発電機がもう一つできたことになるので、右側の回路に交流が流れるようになるのです。

この時、右側のコイルの巻き数を増やしておくと、電圧が上がり、この2つ並んだコイルは変圧器になるのですが、そのことよりも、もっと重要なことがあります。

電気は電線がなくても、伝えることができる。そこが電気というものの不思議なところです。

ガリレオからファラデーまで、科学者のイメージする力、発想のおもしろさを採り上げながら、ドラマチックに語ることを心がけてきました。残念ながらここまで、日本人が一人も登場しなかったのですが、ここでようやく湯川秀樹が登場します。

ただしこのあたりからは、少し話の先を急ぐことにします。残りページが少なくなってきたからです。

電池につながれた電線は、磁場を発生させます。その電線の中では、どのような現象が生じているのでしょうか。

すでに皆さんには、原子模型の図をお見せしましたので、電子という粒子が電流のもとになっていることは、おわかりいただけたと思います。ガルバーニやボルタは、金属が電解質に溶けてプラスイオンになる時に、原子の最外殻にある電子を放出するという現象に接していたことになります。

電子はすべての原子にそなわっています。とくに金属と呼ばれる原子は、結晶の中に自由電子と呼ばれる、自由に動ける電子をもっているので、電池につなぐと（電場が生じます）、自由電子が流れを作って移動していくことになります。

電池がなくても、コイルのそばで磁石を動かせば、磁力線が変化するので、それに応じて電子が移動することになります。

要するに、すべては電子が動くことによって生じる現象です。

電子は電線の中を移動していきます。目で見ることはできません。

電子は微小な粒子ですから、電線の中が透けて見えたとしても、もちろん目で見ることはできないのですが、皆さんは電子が存在することを、目で見るという体験をおもちのはずです。

蛍光灯やネオンサインは、電子が真空に近いガラス管の中にわずかに封入されている水銀ガスや希ガス（ネオンなどの不活性気体）の原子に衝突して発光させるという現象です。いまでは見かけなくなりましたが、ブラウン管（電子銃を装備した真空管）のテレビやパソコンのディスプレイでは、真空の中に電子が発射され塗料を光らせることによって画像や文字が表示されます。

すでにファラデーは、真空状態の中なら電子を空中に飛ばすことができるのではと考え、実験を試みています。当時の真空ポンプではわずかに空気が残ってしまうのですが、それでも蛍光灯に近い状態になって、空気がかすかに発光するという現象を確認しています。

やがてドイツ人の技術者でガラス細工の得意なハインリッヒ・ガイスラー（1814〜79）が、トリチェリの水銀柱の原理を用いて完全な真空管を作るのに成功しました。イギリスのウィリアム・クルックス（1832〜1919）らが真空中を直進する荷電した粒子の存在を確認し、さらにジョセフ・トムソン（1856〜1940）はそれが水素原子の2千分の1の質量をもったマイナスの粒子、すなわち電子であることを証明しました。

そのあたりから、原子の構造についての議論が盛んになりました。電子の発見者として名を残したトムソン自身は、ブドウパンの中の干しブドウのように、原子の中に電子が点在しているというモデルを考えたのですが、最終的にはご紹介したボーア模型のように、電子が何層にもなった軌道に分布しているという原子模型が定着することになりました。

この原子模型に登場する粒子は、わずか3種です。陽子、中性子（あとで説明します）、電子です。

古代ギリシャのデモクリトスは、これ以上、分割できない粒子として、アトム（原子）というものを想定したのですが、実際の原子はより小さな粒子によって構成されていることが明らかになりました。

そこで、原子よりも小さい粒子を、素粒子と呼ぶようになりました。ただし、陽子も中性子も、現在ではクォークという、さらに小さな粒子に分割できると考えられています。でもとにかく、陽子、中性子、電子の3種を、ここでは素粒子と呼んでおきましょう。

陽子と中性子は、ほぼ同じ質量をもっています。この2種に比べれば、電子の質量は限りなくゼロに近いと考えていいでしょう。原子の化学的な性質は電子で決まりますから、電子というものは重要な素粒子なのですが、物質の質量（重さ）のもととなっているのは、陽子と中性子です。

原子の中心には原子核があります。その原子核を構成しているのが陽子と中性子です。陽子と中性子はほぼ同じものなのですが、違いは、陽子がプラス1の電荷をもっているのに対し、中性子には電荷がありません。

電荷を帯びている粒子は、磁石で曲げたり、電荷に反応する測定器で測定したりできるのですが、中性子は検出するのが難しい粒子です。それでも確かに中性子というものがあるとわかったのは、原子の重さに謎があったからです。

水素原子（陽子1個）の質量を1とした時の、さまざまな原子の質量を、原子量と呼びます。当然、水素は1ですが、ヘリウムは4です。ヘリウムの電子は2個ですから、陽子は2個のはずなのに、重さは水素の4倍なのです。そこで、陽子と同じ重さで電荷のない粒子があるはずだと考えられたのです。

ところで、ここで大きな疑問が生じます。

原子核の中には陽子と中性子がぎっしりとつまっています。たとえば酸素の原子核の中には陽子8個、中性子8個がつまっています。ウランの場合は陽子92個、中性子146個です。陽子はプラスの電荷をもっていますから、これだけの数の粒子が集まっていると、プラス同士が反発して、原子核が壊れてしまうのではないかと心配です。

実際に、ウランの原子核は壊れることがあります。ウランの原子核からヘリウムの原子核が飛び出してくることがあるのです。これをアルファ線と呼びます。また原子核から電子（ベータ線）や高エネルギーの光（ガンマ線）が飛び出してくることもあります。そんなふうに少しずつ壊れていって、ウランは最終的に、原子番号（陽子の数）82番の鉛になるのです。

しかし鉛よりも小さい原子は、安定しています。原子番号78番の白金も、79番の金も、80番の水銀も、原子核が壊れることはありません。だから錬金術師たちは、金を造ることができなかったのです。

これはとても不思議なことです。なぜプラスの粒子ばかりがつまっているのに、原子核は壊れることがないのでしょうか。

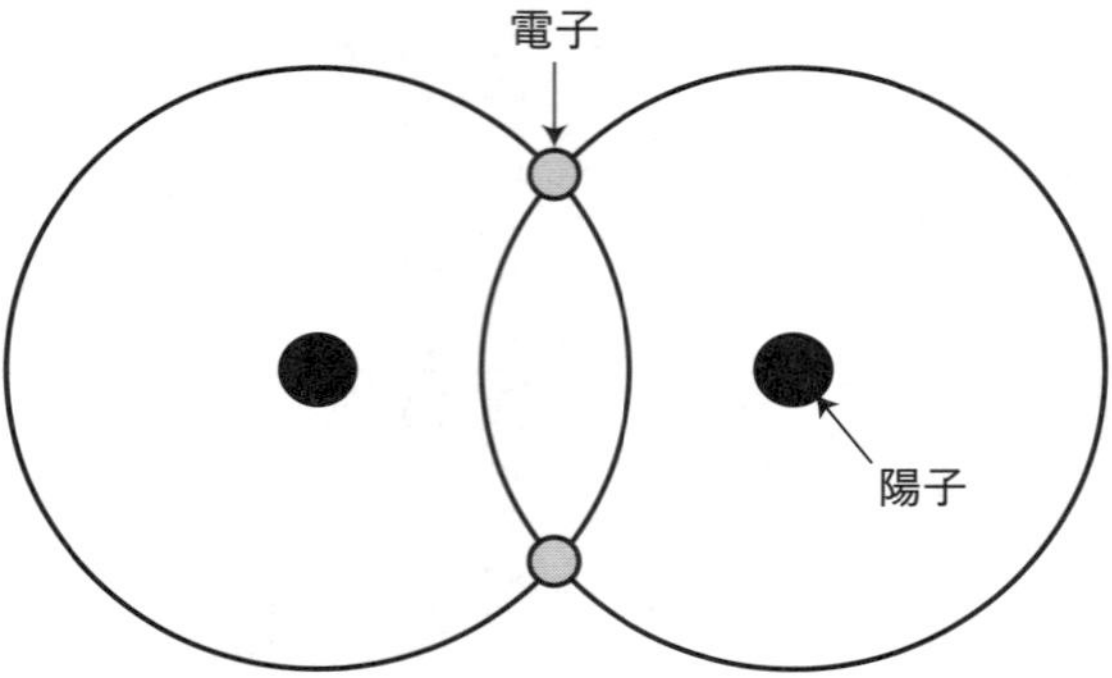

図10　水素分子（共有結合）

湯川の予言から新たな素粒子の世界が

この謎を解いたのが、日本で初めてノーベル賞を受賞した湯川秀樹（1907〜81）なのです。

最もシンプルな原子核は水素ですが、その次にシンプルなヘリウムの原子核について考えてみましょう。水素の場合は、原子核は陽子1個だけですから、壊れる心配はありません。ヘリウムの原子核は、陽子2個と中性子2個でできていますから、この2個の陽子のプラス同士が反発して、原子核が壊れてしまうのではないかというのが問題です。

ヒントは水素分子にあります。アボガドロが解明したように、水素ガスの中にあるのは水素原子ではなく、水素原子が2個結びついた水素分子でした。

水素の原子核はプラスに帯電した陽子ですから、本来は反発するはずです。その陽子と陽子がどうして結びつくのでしょうか。

食塩の場合は、プラスのナトリウムとマイナスの塩素が結合していたわけですね。プラスイオンとマイナスイオンが電気力で結合するので、このような分子をイオン結合といいます。金属の場合は、最外殻の余った電子がマイナスイオンの代わりになって、がっちりとした結晶を作ります。これを金属結合と呼びます。

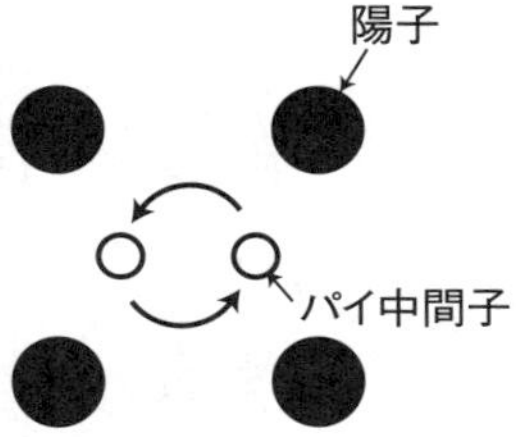

図11　ヘリウムの原子核

水素分子の場合は、共有結合と呼ばれる特殊な結合です。

ここに模式図があります（図10）。

陽子1個と電子1個が水素原子ですが、陽子2個が電子2個を共有することによって、陽子と電子が引きつけ合い、その電子ともう1つの陽子が引きつけ合って、結果として、陽子と陽子がつなぎ合わされる。

つまり、マイナスの電子が接着剤の役割をしているのですね。

湯川はヘリウムの原子核の場合も、原子核の中に、接着剤となる未知の粒子（おそらくはマイナスの小さな粒子です）があるのではないかと考えたのです。

そのアイデアを模式図にすると、こんな感じです（図11）。

この図では、陽子4個と、マイナスの小さな粒子が2個あります。陽子4個は、この小さな粒子をキャッチボールしています。2個のボールをぐるぐるとパスで回しているのですね。

ボールが2個ありますから、ある瞬間をとらえると、ボールをもっていない陽子が2個、ボールをもっている陽子が2個あるということになります。ボールをもっている陽子は、マイナスの粒子をかかえこんでいるので、自分のプラスが相殺されて、電荷のない中性の状態になります。これが中性子です。

つまり陽子と中性子というのは流動的なもので、マイナスの粒子をパスすることで、ある時は陽子、ある時は中性子になるということです。

湯川はその小さな粒子の性質と到達距離を計算した結果、その粒子は陽子と比べればずっと軽いけれども、電子と比べれば確実に重い、ある程度の質量をもっているということをつきとめました。

陽子より軽く、電子より重い。質量が中間にあるということで、のちにその粒子は中間子と呼ばれるようになります。

湯川がこの仮説を発表した時、世界の学者たちは誰も相手にしませんでした。陽子、中性子、電子……。この3種ですべてを解き明かすことができるとわかったばかりだったので、別の粒子などといったものが出現すれば、話がややこしくなると思ったのでしょう。

しかしアメリカのカール・アンダーソン（1905〜91）が宇宙線の中に、電子よりも確実に重い粒子を発見して、中間子と名づけるに及んで、湯川の仮説は脚光を浴びることになります。

その時にアンダーソンが発見した粒子は、のちにミュー粒子と呼ばれるもので、湯川の予言した粒子ではなかったのですが、とにかく未知の粒子が見つかったのだから、湯川の予言した粒子があるかもしれないということになって、やがてその予言どおりの粒子が確認されることになりました。

湯川の予言した粒子はパイ中間子と呼ばれ、原子核内の力を考える上では、欠かせない粒子となりました。

ところで、中間子という名称について、質量が陽子と電子の「中間」だという話が出てきましたが、素粒子の質量（重さということですが）をどうやって測るのでしょうか。中間子は陽子から陽子へとパスされているわけですが、これはプラスとマイナスが引き合う電気力によって動いています。その電気力の大きさと、粒子の速度（一定時間内の到達距離）から、計算によって質量を求めることができます。

パイ中間子の到達距離はあまり大きくありません。そのため、ウランのような大きな原子の場合は、陽子を原子核に結集させる中間子の接着剤としての働きが弱まって、原子核を安定させることが難しくなります。ウランが放射性元素（原子核からヘリウムの原子核や電子が飛び出して別の原子になる不安定な元素）であるのはそのためです。

このパイ中間子の質量というのは、あくまでも計算上のもので、実態がどうであるかはわからないというしかありません。たとえば次の章でお話しするベータ崩壊と呼ばれる現象の場合は、もっと奇妙なウィークボソンという素粒子が働いているとされるのですが、この粒子の質量は計算上は陽子の約80倍ということになっています。

ここでは、素粒子の質量というのは計算上の便宜的なもので、そのまま実態と考えるわけにはいかないということだけを、記憶にとどめておいてください。

第五章

宇宙の始まりと地球誕生の謎

分数を用いたクォーク仮説

ここまでは、天文学、物理学、化学などの歴史に沿いつつ、人間がどのようにして宇宙というものをとらえようとしてきたかを語ってきました。

わたしが皆さんにお伝えしたかったのは、限られた情報から仮説を立て、宇宙を理解しようとする人間の想像力のすごさです。

複雑な数式で惑星の動きをとらえようとしたヒッパルコスや、万物のもとは水であると言いきったターレスなど、いまの時点から振り返れば、彼らの認識とわたしたちの認識の間に差違はあるのですが、それをただ、彼らは間違っていたと否定するのでは、大切なものが失われてしまう気がします。

陽子、中性子、パイ中間子、電子……。この四つのキャラクターだけで、宇宙に関するすべての現象を説明できるのだとしたら、何とも魅力的な仮説だと言わねばなりません。

残念ながら、ミュー粒子やパイ中間子の発見のあと、次々に新たな粒子が発見され、宇宙はそれほど単純なものではないという見解が広がっていきました。一時は、無限の素粒子が存在するのではないかと考えられていた時期もあります。

しかし、「クォーク」という新たな仮説の登場で、素粒子の整理が進みました（図12）。最新の仮説によれば、6種のクォーク、6種のレプトン（その1つが電子です）、その他に力（エネルギー）を伝えるいくつかの粒子（その1つが光子です）、そしてニューフェイスとして確認されたのではないかと考えられているヒッグス粒子と、全体として20種前後か、それよりも少し多いくらいの「基本素粒子」を想定すれば、すべてが解明できるのではないかと考えられています。

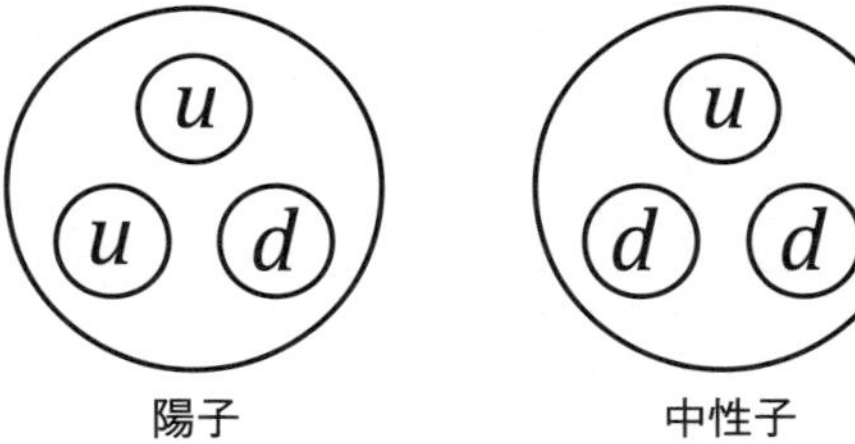

図12　クォーク

　クォークは6種類ありますが、宇宙の成り立ちを考えるためには、そのうちの2種だけで充分です。すなわち、アップ（u）とダウン（d）の2種です。

　アップの質量は原理的には$\frac{1}{3}$（陽子を1として）ということになっています。電荷はプラスの$\frac{2}{3}$です。ダウンの質量も$\frac{1}{3}$ですが、電荷はマイナスの$\frac{1}{3}$です。

　この理論では、質量1、電荷がプラス1の陽子は、u＋u＋dということになります。この本は「数式がない」ことをキャッチフレーズにしているのですが、これくらいの足し算は、読者の負担にはならないでしょう。質量はｕもｄも$\frac{1}{3}$ですから、３個で１になることはすぐわかります。電荷も足し算してみてください。$\frac{2}{3}＋\frac{2}{3}＋-\frac{1}{3}$ですから、プラスの１になりますね。

　中性子は、ｕ＋ｄ＋ｄです。これで電荷は０になりますね。

電荷がマイナス１のパイ中間子は、反ｕ＋ｄです。反ｕというのは、アップの反粒子で、質量は同じで電荷が反転した粒子です。クォーク２個ですから、質量は陽子や中性子より軽くなり、電荷はマイナス１になります。

　これで話のつじつまは合っているようなのですが、正直に言うと、わたしはこのクォーク仮説が好きではありません。分数というものになじみがないせいかもしれないのですが、水素の原子核そのものである陽子（質量１）を中心にして宇宙の成り立ちを考えた方が、シンプルで、気持がすっきりするように思います。質量も電荷も分数になるクォークという仮説は、過渡的なものではないかとわたしは考えています。

　とにかくクォークという粒子は、現在でも、単独で取り出せたわけではないので、ただの仮説だと考えるべきでしょう。

　より複雑な素粒子の動きを説明するためには、アップとダウン以外のクォーク（チャーム、ストレンジ、トップ、ボトム）も総動員して、理論を展開しなければならないのですが、宇宙の成り立ちについて考察する場合には、質量1の陽子と、ほとんど質量のない電子などのマイナスの粒子だけで話を展開した方が、シンプルな宇宙論を展開できます。

ということで、ここから先も、クォークのことは考えずに、話を進めたいと思います。

幼児語から生じた「ビッグバン」という言葉

ハッブルがウィルソン天文台の当時としては最大の望遠鏡で、宇宙全体が膨張していることを発見したという話は、すでに皆さんにお伝えしました。現在の宇宙が膨張しているのだとしたら、過去の宇宙はいまよりも小さかったはずです。

そこでロシア出身のアメリカの物理学者ジョージ・ガモフ（1904〜68）は、「火の玉宇宙論」を発表しました。ごく小さな宇宙が膨張して現在の宇宙にまで拡《ひろ》がったという仮説は、すでにフランスのジョルジュ・ルメートル（1894〜1966）が提出しているのですが、ガモフはより細かい数式で膨張宇宙論を展開しました。

何よりも「火の玉宇宙」という命名が刺激的だったことから、定常宇宙論を唱えるフレッド・ホイル（1915〜2001）に厳しく批判されることになります。

ホイルは『暗黒星雲』などのSF小説でも知られたイギリスの天文学者ですが、ハッブルが発見した宇宙の膨張は、宇宙空間からつねに新たな物質が生み出されているためで（それが膨張の推進力になります）、従って過去にさかのぼっても、宇宙全体の物質の密度は変わらず、宇宙はいつも同じ状態にあると考えていました。

ホイルはガモフの「火の玉宇宙論」を、子どもじみた考えだと批判し、ラジオに出演した時に、わざと幼児語みたいに擬音を用いた「ビッグバン（Big Bang）」という言い方をしたのですが、かえってこの言葉が流行語となり、世の中の多くの人が宇宙の始まりに爆発的現象があったことを認識するきっかけとなりました。

わたしはとりあえず、ビッグバンの直後の状態から話を始めます。まだ宇宙全体が小さな卵のような存在ですから、陽子などの粒子がぎっしりとつまった状態です。やがて宇宙の大きさが、粒子が自由に飛び回れるくらいのサイズになると、陽子と電子と膨大なエネルギーがあるという状態になります。

わたしたちの現在の宇宙は、陽子、中性子（陽子＋パイ中間子）、電子によって構成されています。このうち陽子と電子は安定した粒子ですが、もう一つの中性子は、きわめて不安定です。

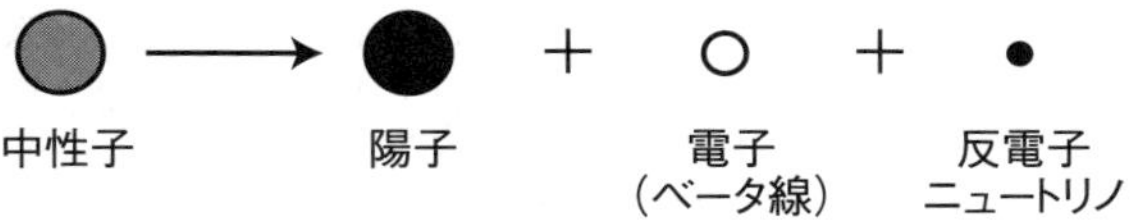

図13　ベータ崩壊

原子核内では多数の陽子がマイナスの粒子をパス交換をしていて、たまたまパスを受け取った陽子が中性子になっています。ですから、原子核内にはたくさんの中性子が存在するのですが、その中性子が原子核から1個だけで飛び出した場合は、すぐに壊れてしまいます。

どんなふうに壊れるかというと、中性子が陽子と電子と反電子ニュートリノ（あとで説明します）に分解するのです。その時、電子が高速で飛び出すので、エネルギーが発散されることになります。現在の宇宙空間は冷えていますから、中性子はすぐにエネルギーを放出して陽子になってしまうのです。この現象は、高速の電子（ベータ線）が放出されることから、ベータ崩壊と呼ばれます（**図13**）。

初期の宇宙では、小さな空間にエネルギーが充満している状態ですから、ベータ崩壊の逆の現象が起こります。つまり陽子と電子に反電子ニュートリノが結合して中性子が生まれるのです。反電子ニュートリノというのは、電子ニュートリノの反粒子ですから、それがなくなるということは、電子ニュートリノが新たに発生するということを意味します。

ここで唐突に、「ニュートリノ」というものが出てきましたし、「反粒子」というようなものも登場しました。

あとで語ることになりますが、宇宙を構成する素粒子は多種多様であることがわかっています。その中にはプラスの電荷を帯びた陽電子のような「反粒子」と呼ばれるものもあるのですが、とりあえずここでは、宇宙の始まりの火の玉宇宙の中では、陽子と電子から中性子ができるということだけを確認しておいて、話を先に進めましょう。

すでにお話ししたように、中性子はマイナスの粒子（原子核内ではパイ中間子ですが外に飛び出す時は電子になっています）をいつでも隣にいる陽子にパスできる状態にあります。

陽子と中性子はマイナスの粒子をパスすることで結合し、陽子1個と中性子1個の粒子が生まれます。これは重水素と呼ばれる水素の同位体（陽子の数は同じで中性子の数が異なるもの）です（図14）。化学的には水素と同じなのですが、中性子が1個くっついているので重さは2倍になっています。この重水素同士が衝突してくっつくと、ヘリウムの原子核ができます。

実際にいま、太陽の中では、陽子（水素の原子核）が重水素に変わり、さらにヘリウム

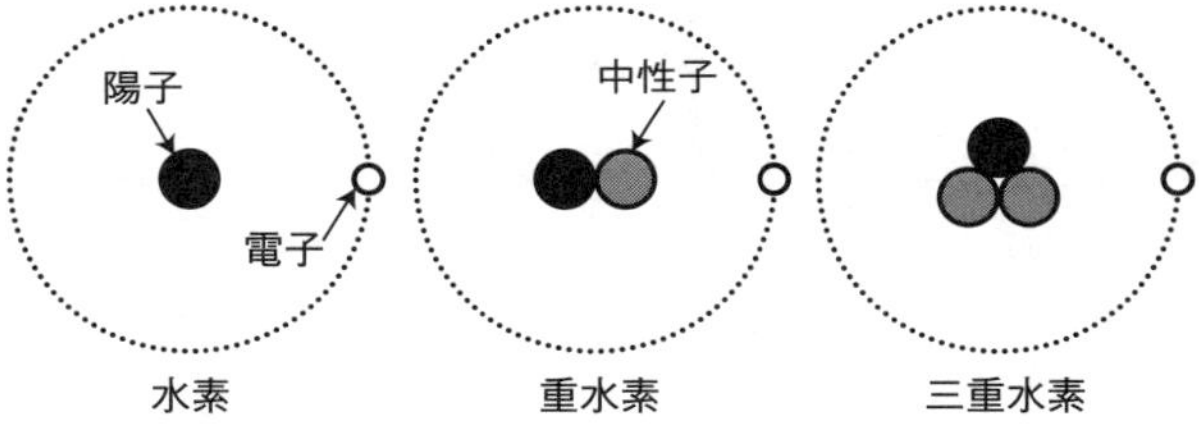

図14　水素の同位体

になるという現象が起こっています。その時に、膨大なエネルギーが発生します。それが太陽の明るさの源泉ですから、わたしたちにとっても身近な現象といえるかもしれません。なお、水素爆弾（水爆）というのは、この現象を兵器に仕立て上げたものです。

こうやって、小さな粒子と粒子がぶつかって、より大きな粒子に成長していく（核融合と呼ばれます）という現象が、初期の小さな宇宙で起こったと考えられます。核融合からは膨大なエネルギーが発散されますので、粒子のスピードがさらに上がり、ヘリウム3個から炭素になったり、酸素などのより大きな原子核が誕生することになります。

ところで皆さんは、原子爆弾が膨大なエネルギーを発散させることをご存じでしょう。原子番号92番のウランは、ヘリウムの原子核を発散しながら、しだいに原子番号82番の鉛に近づいていくのですが、ふつうのウラン（陽子と中性子の合計＝原子量238）よりも小さい同位体（原子量235）に中性子が衝突すると、原子核は分裂することがあります。

それぞれの原子の原子核内の陽子と中性子の数というのは、微妙なバランスの上に成立していて、最も安定する原子量というものが定まっているのですが、宇宙線を吸収したり、アルファ線やベータ線が放出されたりして、不安定な原子核が瞬間的に生じることがあります。

ウラン235という同位体は、自然界では0・7パーセント程度しか存在しないのですが、この同位体は質量が小さいので、遠心分離器などで「濃縮」することができるので、原子爆弾や原子炉の燃料として活用することができるのです。

原子核が分裂しても、陽子の数は変わらないので、原子番号53番のヨウ素と39番のイットリウムになったり、54番のキセノンと38番のストロンチウムになったりします。55番のセシウムと37番のルビジウム、56番のバリウムと36番のクリプトンになることもあります。番号を足し算するともとの92番（ウランの陽子の数）になることに注目してください。

このうちキセノンとクリプトンは不活性気体ですから問題は少ないのですが、ヨウ素やストロンチウム、セシウムなどは人体に取り込まれることがあるので問題です。

ウランのような陽子の数の多い原子核を維持するためには、接着剤となる中間子も大量に必要で、そのために陽子の数よりも中性子の数の方が多くなっています。分裂して発生するヨウ素とかセシウムのような小さな原子核では、中性子の数も少なくてすみますので、核分裂から生じた原子は、中性子を余分にもつ同位体となります。これらの同位体はきわめて不安定で、高速の電子（ベータ線）や透過性の強い光（ガンマ線）が放出され、生物の遺伝子を破壊する放射線となります。

話は少し横道に逸《そ》れましたが、原子番号の大きな原子が分裂する時には、エネルギーが発散されます。一方、原子番号の小さな原子が核融合で大きな原子になる時にもエネルギーが発散されます。

宇宙が膨張していく過程では、エネルギーが宇宙全体に拡散して、冷えていくことになりますので、原子の融合と分解とは、エネルギーが最も発散された状態で停止する（平衡状態になる）ことが予想されます。そのポイントはどこにあるのでしょうか。

実は、原子番号26番の鉄が、最も安定した原子だと考えられます。地球全体に占める元素の重量比で最大のものは鉄です。とくに地球の中心部はほとんど鉄だといってもいいのです。また宇宙から飛んでくる隕石《いんせき》にも、大量の鉄が含まれています。

いま太陽の中で起こっている、水素がヘリウムになるという過程がさらに進めば、やがて大量の鉄が生み出されることでしょう。

地球誕生から宇宙の死までの物語

ビッグバンからそれほど時間の経っていない状態では、小さな宇宙空間にエネルギーがあふれていますので、核融合はどんどん進みます。宇宙がある程度の大きさになると、温度が下がっていきますが、重力（万有引力）の作用によって、宇宙の物質の密度には濃いところとうすいところが生じ、濃いところが凝り固まって、渦を巻いた塊（銀河系などの星雲）が生じ、さらにその渦の中に小さな塊（恒星）が生じることになります。

いったん塊ができると、周囲の物質を引きつけて、より大きな塊になっていきます。すると塊の中の密度が上がり、粒子と粒子が衝突して核融合が始まります。水素からヘリウムへ、さらに重い原子が生み出されることになります。

重い原子は重力によって、恒星の中心部に沈み込み密度が高くなります。重い原子同士の衝突が起こり、やがて鉄が大量に生み出されることになりますが、大きな恒星になると重力によって星の中心部の密度がさらに高まり、鉄の原子核が衝突して、より大きな原子が生産されます。白金、金、水銀、鉛などの重金属がこのようにして誕生することになります。やがてウランなどの放射性元素も作られるようになります。

その時点では、恒星全体の温度が上がり、表面はどんどん膨張していくのですが、中心部は重力によって、内部に向かって凝縮していきます。その膨張と凝縮のバランスが崩れると、恒星は爆発します。

あまりにも大きな恒星の場合は、内部に向かって凝縮した部分が、空間内につぶれこんで、ブラックホールと呼ばれる閉じた空間を作ることもあるのですが、多くの場合はドカンと爆発するだけで、星の表面の水素やヘリウムと、内部にあった鉄や重金属を、周囲の空間に向けて発散することになりますが、すべての粒子は重力によって互いに引き合っていますから、野球のバッターが打ったボールがやがて落下を始めるように、すべての粒子が凝縮を始めます。

凝縮した粒子は第二の恒星として核融合を始めますが、炭素や酸素、鉄や重金属などの重い粒子は、凝縮の過程で渦巻ができて、恒星の周囲を回転しながら衝突をくりかえし、やがて惑星を形成していくことになります。

太陽の主成分は水素、次がヘリウムということになりますが、地球の主成分は鉄、酸素、ケイ素などです。中心部にはウランもあります。衝突で大きくなるという過程で誕生したので、当初は高熱で全体がどろどろに熔《と》けていたことでしょう。そこで重い鉄やウランは中心部に沈んでいき、表面は酸素やケイ素、さらにマグネシウムやアルミニウムなどの軽金属がおおうことになります。これらは岩石の主成分です。

このようにして地球は誕生したのですが、ではこれからどうなるか、ということになると、やや絶望的な展開になります。太陽は核融合を続けて膨張していきます。地球は温暖化して住みにくくなるでしょう。やがて灼熱《しゃくねつ》の地獄になって、ついには膨張した太陽に呑《の》み込まれてしまいます。それから太陽が爆発して、飛び散った物質の凝縮が起こり、第三の太陽が誕生します（現在の太陽が二代目だとしての話ですが）。

まあ、地球の未来など、宇宙全体から見れば、ケシ粒のように小さな出来事なのかもしれません。しかし、宇宙そのものが最終的にどうなるのかということは、考えておきたいと思います。

エントロピー増大の法則とアインシュタインの再評価

予測のためのヒントとして、オーストリアの物理学者、ルートヴィッヒ・ボルツマン

（1844〜1906）の「エントロピー増大の法則」のことをお話ししておきましょう。

太陽光発電で光のエネルギーを電気エネルギーに変えたり、石炭の熱エネルギーを運動エネルギーに変えたり、エネルギーは形を変えることはありますが、エネルギーの総量は不変のものだと考えられています。

しかしながら、熱いお湯と冷水を水槽に注いだ時、時間の経過とともに均質な「ぬるま湯」ができるという現象は、一つの方向に向かう変化で、後戻りできないものです。このことを統計力学によって証明したのがボルツマンです。

エントロピーという概念は、直観的に把握することが難しいのですが、こんなふうに考えてください。1億円の資産のある人が、生活に困っている人に百万円をプレゼントしたとしましょう（実際にはそんなことは起こりえないでしょうが）。1億円の資産のうちの百万円ですから、その人の資産は1パーセント減ったことになります。

資産の増減をいま「幸福度」という尺度で表すと、資産家の幸福度は1パーセントの減少ということになります。

これに対して、貯金などはなく、財布に1万円しか入っていない人が百万円を貰《もら》ったとすると、幸福度は百倍、パーセントでいえば1万パーセントの増加ということになります。

この百万円のプレゼントによって生じた双方の幸福度を足し算したものが、「幸福度のエントロピー」です。富めるものが貧しいものに資産を与えていけば、双方のエントロピーは必ず増大することになります。

実際の社会では、貧富の格差がどんどん広がっていくといった現象が見られるのですが、物理学の現象では、エントロピーは必ず増大します。

冷たい水（エネルギーが少ない貧乏な人と考えてください）の中に灼熱の鉄の塊（エネルギーが多い富豪）を入れると、水の温度が上がってぬるま湯になります。鉄の温度がぬるま湯と同じになったところで、エネルギーのやりとりは停止します。このように自然界では、大きなエネルギーをもった物体からわずかしかエネルギーをもたない物体へ、一方的にエネルギーが伝達され、すべてのものが同じような「ぬるま湯」状態になろうとします。これが「エントロピー増大」の法則です。

このエントロピー増大が進めば、やがては宇宙そのものが、「ぬるま湯」になってしまうのではないかと考える学者もいました。その宇宙の最終状態には、「熱的死」などという恐ろしい言葉が用いられました。

これに対しては反論もあります。

たとえば現在の太陽は、一度爆発した最初の恒星の残骸から生まれた二代目か三代目の恒星です。恒星が爆発して宇宙空間に拡散していくだけなら、エントロピーが増大していくことになるのですが、質量をもった粒子には絶えず重力が働いているので、やがては収縮が始まり、新たな恒星ができます。そこでは次々に重い元素が生み出されるので、「ぬるま湯」どころか、特異で際立った状態が生じることになります。

宇宙全体についても、やがて重力の働きで、現在の膨張が停止し、ついには収縮が始まって、もとの「火の玉宇宙」に戻るのではないかと考えられていた時期もありました。

その火の玉も一点に集中して、宇宙全体がつぶれてしまうというビッグ・クランチ（Big Crunch）という恐ろしいイメージもあれば、そこでまたバネのように膨張が始まるという考えも生まれました。

相対性理論という、ニュートンの物理学を根底から改革するような新たな世界観を打ち立てたドイツ出身のアメリカの物理学者、アルベルト・アインシュタインは、ニュートンの万有引力の法則を修正した新たな重力場方程式に、宇宙項というものを付け加えました。

アインシュタインも、宇宙が収縮してつぶれてしまうのは困ると考えていたのでしょう。アインシュタインの重力場方程式では、宇宙全体が重力場（万有引力）によって、不可避的に収縮してしまいます。そこでまったく根拠はなかったのですが、「万有斥力《せきりょく》」とでもいうべき未知の力が働いて、万有引力とつりあいをとっているはずだと考え、未知の定数をともなう宇宙項というものを付け加えたのです。

しかしその直後に、ハッブルが宇宙の膨張を発見したため、宇宙項は必要のないものになりました。アインシュタインは宇宙項を撤回し、わが人生の最大の過ちである、と語ったと伝えられます。

ところが最近になって、宇宙項の再評価がささやかれています。宇宙を加速度的に膨張させている力が何なのかはまだわからないのですが、確かにアインシュタインが考えたような、万有斥力というべき力が、宇宙全体に働いているのです。だとすれば、宇宙は無限に膨張していくのかもしれません。

ただこのままどこまでも膨張が続けば、エネルギーが拡散していって、宇宙の平均温度は下がっていくことになります。

火の玉宇宙の爆発から始まったわたしたちの宇宙は、最後には冷たい空間が無限に拡がり、粒子さえもがバラバラに崩壊したビッグ・リップ（Big Rip）という状態になるかもしれないのです。

でもそれは、遠い未来です。

現在の知識では、宇宙の誕生から現在までは、およそ137億年ということになっています。いやに半端な数字ですが、それだけ正確だといってもいいでしょう。太陽の誕生から現在までは、およそ46億年です。地球もほぼ同じころに生まれたと考えていいでしょう。

137とか46という数字は、意外に小さいような気もするのですが、単位が億年ですから、人類の生存期間と比べれば、無限の時の流れととらえるべきでしょう。

ダークマター、光速……人間の限界

これまでわたしが語ってきたのは、人間が宇宙を理解しようとつとめてきた、仮説の歴史です。

物理学や化学の世界で、揺るぎのない事実と思われてきた理論も、時が経てば、ただの仮説にすぎなかったといわれるようになるのかもしれません。しかし、仮説によって世界が説明できて、それで気分がすっきりするというのなら、仮説というものは人間の心の支えになると考えてよいのではないでしょうか。

デモクリトスが唱えた原子論は、エピクロスによって、哲学の原理となりました。すべての物質がただ原子だけで構成されているなら、人間が死ぬとただ原子に分解されるだけということになり、死後の世界や地獄のようなものを恐れる必要がなくなります。

ニュートンよりも少しあとの時代に活躍した物理学者に、ピエール＝シモン・ラプラス（1749〜1827）という人物がいます。彼は物理学における偉大な定理を次々に発見した天才的な科学者です。しかしその最も根本的な原理はニュートンが確立してしまっていたために、業績の割にはそれほど有名でないという不幸な人物なのですが、故国のフランスでは超有名人で、ナポレオン政権の時代には内務大臣をつとめるほどでした。

ラプラスは、すべての粒子の位置と運動量がわかれば、未来の現象はすべて計算によって予測することができるという、「決定論」的な世界観を示し、『天体力学概論』という大著で、物理学の勝利を高らかに宣言しました。

この本はナポレオンにも献呈されましたが、科学を愛好していたナポレオンは、ラプラスを呼び出して質問したと伝えられます。

「あなたの本には、神について何も書かれていないが、それはなぜかね」

するとラプラスはこう答えたそうです。

「閣下、そのような仮説は、わたしには不必要です」

この見解は、物理学や科学というものの本質をよく表していると思われます。神さまがいなくても、安心していられる。

これが科学の最大の効用ではないでしょうか。

ただ残念ながら、ラプラスの天体力学も、基本はニュートンが発見した万有引力の法則で成り立っていますから、どれほどラプラスの功績が大きくても、単に「ニュートン力学」と呼ばれています。

宇宙のすべての原理を解明できると信じられていた（少なくともラプラスは信じていました）ニュートン力学ですが、そこには大きな限界があることが、その後に明らかになりました。

人間の認識力には、限界がある。

《考える葦》として、宇宙全体を包み込もうとする人間の知性には、もしかしたら限界があるかもしれないのです。

この本の第一章では、星空を見上げるところから始めました。星を見ること。これが宇宙について考察するための第一歩であることは、まちがいありません。

都会の夜空は、空気が汚れていたり、地上の明るさのせいで、見える星の数も限られます。しかしハワイやアンデスなど、空気の澄んだ高山に設置された望遠鏡や、宇宙空間に設置されたハッブルと名づけられた望遠鏡なら、肉眼では見えない星をとらえることができます。

星の動き（実は地球の自転の動きです）に合わせて追尾できる装置で、露光時間を長くして撮影した写真や、肉眼では見えない波長の光をとらえる観測装置、さらには星や宇宙空間からの電波をとらえる電波望遠鏡など、さまざまな機器が開発され、人間が観測できる宇宙は広がっているはずなのですが、機器が発達すればするほど、その限界が見えてきます。

人間が見ている宇宙は、宇宙のごく一部なのではないか。最近はよくそんな疑問が投げかけられます。

人間が観測し、認識することができるのは、実は、光や電波を放出している天体だけなのです。光を発しないブラックホールなどは、直進する光を曲げてしまう性質があるので、そのブラックホールの背景にある恒星を観察することによって、存在を確認できる場合があります。

しかし宇宙全体に広がっているのではと考えられているダークマター（Dark Matter／

暗黒物質）は、観測のしようがありません。全宇宙の大半がその暗黒物質で占められているのだとすれば、宇宙の膨張や収縮に関する計算を、根本からやり直さないといけないのかもしれません。

次に指摘しなければならないのは、光速という限界です。宇宙は広大なので、遠くの星からの光は、地球に到達するまでに、何年もかかります。何万年、何億年かかることもあります。光が1年間に進む距離を1光年といいますが、1億光年離れた遠方の星を眺めても、それは1億年前の姿にすぎません。しかも宇宙はずっと膨張を続けてきましたから、過去の宇宙がさらに遠ざかっているということもあります。

結局のところ、わたしたちが認識できる宇宙には限界があるということになります。

相対性理論という迷宮

もう一つ、問題があります。アインシュタインの相対性理論です。

ここまで、アインシュタインについては時々語ってきたのですが、その業績についてはまだ紹介していません。アインシュタインの相対性理論については、わたしは別の本を書いていますので（『アインシュタインの謎を解く』ＰＨＰ文庫）、ここではごく簡単な説明にとどめておきます。

相対性理論には、「光速（秒速30万キロ／地球7周半）」というものが、深く関わってきます。

光は真空中を伝わります。光はエネルギーの塊ですので粒子としてふるまうこともありますが、2つの細いスリットを通った光が干渉縞《じま》をつくるなど、波としての性質ももっています。

現在では真空の空間そのものを波が伝わっていくと考えられていますが、アインシュタインの時代には、何らかの媒体がなければ波は伝わらないと考えられていました。

海の波は、海水の上下運動が波動として伝わるものです。音波は、空気の振動です。地震の波動も、地面の振動です。何かが移動しているのではなく、振動が伝わっていくということですから、揺れ動く媒体がなければ、波というものは起こりえないのです。

そこで当時は、真空だと思われている空間にも何かがつまっているのではということで、古代ギリシャのアリストテレスが考えた仮想の元素「エーテル」というものをもちだして、そのエーテルが宇宙空間につまっていると多くの学者が考えるようになっていました。

宇宙空間にエーテルがつまっているのだとすると、たとえば太陽の周囲を公転している地球は、エーテルの中を疾走していることになります。100キロで走っている自動車の窓を開けて手を差し出せば、静止している空気を風速100キロの風として感じます。それと同じように公転している地球上では、エーテルの風を観測できるはずです。

ところが、ドイツ系のアメリカ人のアルベルト・マイケルソン（1852～1931）と、アメリカ人のエドワード・モーリー（1838～1923）が、あらゆる方向に向けて光速を計測した結果、地球が公転している方向には関係なく、光速はつねに一定であるという結論を出しました。エーテルの風は観測されなかったのです。

これは予想外の奇妙な結果でした。

たとえば時速100キロで走っている電車の中で、野球のピッチャーが進行方向に向かって150キロの速球を投げたと考えてください。ボールを受けるキャッチャーも電車に乗っていますから、乗客は静止している地面にいるのと同じように、ピッチャーが投げたボールがキャッチャーのミットに収まるさまを目撃するはずです。ピッチャーもキャッチャーも、乗客も、電車の中の空気も含めて、すべてのものが等速で運動していれば、中にいる人は自分が動いているとは気づきません（窓の外を見なければということですが）。

ピッチャーが投げたボールの球速は時速150キロですが、そこに電車の速度の時速1

00キロが加わって、実際にはボールは時速250キロになっています。しかしボールを受けるキャッチャーは、電車の速度で前方に向かって遠ざかっていきますから、ボールがミットに収まるまでの時間は、地上でキャッチボールしている時とまったく同じになり、誰もが自分たちが高速で移動する乗り物に乗っていることに気づかないということになります。

ここではピッチャーが投げたボールの速度に、乗り物の速度が加速されるというところがポイントです。

ところで、連星と呼ばれる2つの天体が互いの周りを回っている星があります（あの素人天文学者のハーシェルが発見しました）。

1つの星が地球に向かって近づいてくる時は、もう1つの星は地球から遠ざかっていきます。乗り物の上のピッチャーと同じように、天体の運動が光速を加速するのだとすれば、近づいてくる天体からの光は速く、遠ざかっている星からの光は遅くなるはずです。そうすると2つの星から出た光の速度の違いで、地球から観測すると、連星の運動が歪《ゆが》んで見えるはずなのですが、そんな現象は起きていないので、光というものは加速されないということがわかります。

乗り物の運動にかかわらず、光は静止している絶対空間（そこにはエーテルがつまっています）に対し、つねに一定の速度で動いていくのです。だからこそ絶対空間の中を移動している地球上では、絶対空間に対して光速で進む光の速度は、微妙に増減して観測されるはずだというのが、マイケルソンとモーリーの予測でした。ところがエーテルの風は観測されず、運動している地球上においても、光速はつねに一定だったのです。

するると矛盾が生じます。電車の中でボールを投げるピッチャーの姿を、静止している駅のホームから眺めている人がいるとします。いまはボールを光だと考えてください。ホームから見ている人にとっては、ボールの速度はつねに一定です。すると進行方向に投げられたボールは電車の速度によって加速されず150キロで動きます。ところがキャッチャーは100キロで後退していきます。つまりホームから見ている人にとっては、ボールはなかなかキャッチャーのミットに届かないということになります。

電車に乗っている人と、ホームで見ている人では、まったく違う現象が起こっているということになります。本当にそんなことが起こるのでしょうか。

少なくとも光に関しては、これはまぎれもない事実なのです。もしも光速で運動している物体から光が発射されたとしたら、物体も光も同じ光速ですから、光はその物体から離れていくことはできません。それはつまり、その物体上では、時間が止まっているということを意味しているのです。

時間という、宇宙全体で普遍的に流れていると考えられていたものが、場所によっては経過する速度が異なるということが判明したのです。そうなると、宇宙全体に占める絶対的指標がないということになります。

もう1つ奇妙なことが起こります。光速で運動しているロケットからガスを噴射して速度を上げようとしても、すでに光速で運動しているロケットはそれ以上に速度を上げることはできません。どんなにガスを噴射して推進しようとしても、何の意味もないのです。そのありさまを遠くから見ている人は、どんなにパワーをかけても推進しないロケットのことを、質量が無限大の物体ととらえることでしょう。

質量が無限大で時間が止まっている……。何とも奇妙な世界ですが、そのロケットに乗っている人は、時間はふつうに流れ、ロケットはガスの噴射によってどんどん加速されると感じているはずです。そして、その人の目には、遠くに見える地球が光速で運動していて、そこでは質量が無限大で、時間が止まっていると感じることになるのです。

アインシュタインの相対性理論では、宇宙の中に絶対的な基準点はなく、あらゆる事象は相対的なものとなります。観測者はつねに自分が静止していると考えていいのです。つまり地球の公転などは無視して、地球は静止していると考えていいのです。これは地動説をもう一度、天動説に戻すような世界観です。絶対に動かないものはなく、すべてが相対的だということです。

この世界観を採り入れると、宇宙空間でふわりと浮かんでいる無重力状態と、ロープが切れて落下していくエレベーター（やはり無重力状態になります）の中は、等価だということになります。つねにガスを噴射して加速を続けるロケットの中では、一定の重力（加速度）がかかったのと同じことになりますが、その状態と、地球の重力に支配される生活空間（地表）とは、まさに等価です。

アインシュタインの世界観では、ニュートンの万有引力の法則も、電磁場と同じような「重力場」としてとらえることになります。太陽のような大きな質量をもつ物体の周辺の空間は、重力場によってわずかな歪みが生じることが予想されます。つねに直進するはずの光が曲がるという信じられない現象が起こるはずだとアインシュタインは予言したのですが、実際に皆既日食の時に太陽のすぐそばにあるはずの恒星を観測すると、確かに光が曲がっているということが確認されました。

その結果、アインシュタインの奇妙な世界観を、誰もが受け容れざるをえなくなりました。重力場によって確かに空間は曲がってしまうのです。そして、太陽よりもはるかに大きな恒星が、その中心に重い元素を作って爆発したような場合、その中心部では空間が完全に閉じてしまって、物質も光もその空間の中に閉じこめられてしまうという現象が起こります。

それがブラックホールです。現在では、この宇宙には数多くのブラックホールが存在することが確認されています。

相対性理論は一種の迷宮です。しかしその世界観によって、人間の想像力は大幅に広がっていったように感じます。宇宙は単純な空間ではなく、歪んでいたり閉じていたり、とても複雑な構造をしていることがわかってきました。《考える葦》としての人間にとっては、わくわくするような楽しい世界観だといえるのではないでしょうか。

微小な世界には認識の限界がある

アルベルト・アインシュタインによる相対性理論によって、ニュートン力学を基礎とした世界観は修正されることになったのですが、ほとんど同時期（20世紀の初めのころです）

に、同じくらいに驚くべき新たな世界観が提出されて、わたしたちはさらに奥深い迷宮に迷い込むことになりました。

ドイツの物理学者ヴェルナー・ハイゼンベルク（1901～76）が提唱した、「ハイゼンベルクの不確定性原理」による、「量子力学」と呼ばれる世界観です。

わたしたちが外界を認識する場合、とりあえずは目で見る、ということをします。しかし肉眼で見る場合、光がなければ何も見えません。光が外界の事物に反射して目の網膜に画像が表示され、それが神経を通って脳内で認識されるということですね。

目では見えないような小さな粒子の場合、その存在を認識するためには、光を当ててその反応を何らかの検知器で確認するということになります。

ところが光には波動としての性質があります。波動は波ですから波長（波の山から次の山までの長さ）があります。小さな素粒子の場合、波長という長さをもった光では、粒子の位置情報を正確にはとらえられなくなります。

可視光線の中で最も波長が短いのは紫色の光ですが、その先に、紫外線があり、さらにレントゲンで利用されるX線があります。

波長が短くなれば、素粒子の位置情報を正確にとらえられるのですが、光のもつエネルギーは波長が短くなるほど大きくなります。放射性元素から放出されるガンマ線は、最も波長が短い光ですが、エネルギーも最大となりますので、素粒子を大きく跳ね飛ばしてしまいます。それでは、素粒子がもっていた運動量が不明確になります。

素粒子を認識するというのは、位置情報と運動量の情報を正確に知るということなのですが、波長の長い光では位置が不明確になり、波長の短い光では運動量が不明確になります。これは観測機器の性能の問題ではなく、人間の認識能力の限界を示しているのです。

しかしこの不確定性原理は、単に認識の不可能性を示すものではなく、粒子というものはもともと不確定というしかない「ゆらぎ」を性質としてもっているのではないかという存在論的な解釈が生じました。

原子核の周囲に存在する電子も、つねに「ゆらぎ」をかかえています。だからこそ、太陽の周囲を公転する惑星のように、ぐるぐると回っているという表現はできず、このあたりに「分布」しているとしか言いようがないのです。

素粒子は確かに、1個の粒子として存在しています。それはすぐあとでご紹介する霧箱の中の白い霧の軌跡などで確認できます。しかしそうした軌跡は、目に見えるほどの幅をもっています。ここに粒子が存在するという位置情報を究めようとして、ガンマ線などをぶつけると、粒子の運動量がわからなくなります。

素粒子というものは、確率としてはこのあたりに存在しているとしかいいようのないもので、ぼんやりとした雲（確率の雲）のようなものとして把握するしかないのです。このようなぼやけたイメージでしかとらえられない素粒子を「量子」と呼んでいます。素粒子は「点」として存在するのではなく、ある幅をもった「確率の雲」としてしかとらえられないので、その「量子」こそが唯一の実在なのだと考える世界観を、「量子力学」と呼びます。

この量子力学は、数式で表現すればそれなりに世界をとらえることができるのですが、イメージでとらえようとすると、まさに雲をつかむような話になって、宇宙論そのものがぼやけたものになってしまいそうです。

アインシュタインは宇宙的なスケールでの認識の限界を示し、ハイゼンベルクは素粒子のスケールでの認識の限界を示すことになりました。

古典的なニュートン力学は、中くらいのサイズの世界でだけ通用する原理だったのです。

それでも、素粒子の存在を、イメージでとらえる手段はあります。

たとえばチャールズ・ウィルソン（1869〜1959）の霧箱です。水蒸気を飽和状態にした装置の中を、電子などの荷電粒子が通過すると、飛行機雲のような霧が生じます。これは明らかに電子1個がここを通過したということの証拠になります。原理は同じですが、液体水素などの中を荷電粒子が通過した時に生じる気泡をとらえる「泡箱」という装置もあります。写真乾板に素粒子の軌跡が記録されることもあります。

これらは素粒子そのものをとらえたものではありません。素粒子が通りすぎた痕跡がそこに残るというものです。何かが通りすぎたということはわかるのですが、その素粒子の種類や性質を特定するためには、分析や推理が必要になってきます。

パイ中間子の発見は、それ以前に湯川博士が新たな粒子の存在を予言していたために、分析が容易だったといっていいでしょう。メンデレーエフの周期表の空欄が、新元素の発見を促したということも、予言が発見につながるということの例証です。

霧箱の功績の一つに、陽電子（電子の反粒子）の発見というのがあるのですが、この場合も、陽電子の存在はすでに予言されていました。

陽電子の存在を予言したのはイギリスの物理学者ポール・ディラック（1902〜84）です。ディラックは、あの奇妙な科学者としてご紹介したヘンリー・キャベンディッシュに似た風変わりな人物で、数式と格闘することに生涯を献げた理論物理学者です。

ディラックは不確定性原理による電子の位置のゆらぎを数式で表現しようと試みるうちに、電子のもつエネルギーの価がマイナスになる解が生じることに気づきました。そのような解は無視するのがふつうですが、ディラックはマイナスのエネルギーをもつ電子とはどのようなものか、イメージでとらえようと考えたのです（ここがすごいところです）。

そこでディラックは、とんでもないイメージを提出しました。真空の中にエーテルがつまっているといった仮説は、マイケルソンとモーリーの観測で否定されたのですが、ディラックは真空というものは何もない空間ではなく、小さな粒子（この場合は電子）がぎっしりとつまった状態になっていると考えたのです。

ディラックがイメージした世界では、真空の中には、隙間なく電子がつまっているのです。そこに局所的にエネルギーを注入すると、真空の中から電子が飛び出してきます。すると隙間なくつまっていた真空には、電子が飛び出してきた穴があいています。

その穴は電子と同じサイズですが、マイナスの電荷をもっていた電子がなくなったので、そこはプラスの状態になっています。するとその電子の抜け殻のような穴は、電子とそっくりだけれども電荷だけはプラスになっているという奇妙な粒子に見えるのではないかと、ディラックは考えました。そして実際に、プラスの電子（陽電子と呼ばれます）は発見されたのです。

素粒子論は新たな領域に突入することになります。電子の反粒子の陽電子だけでなく、陽子にも反粒子としての反陽子が存在することがわかりました。そして、空間（真空）というものはつねにエネルギー的な「ゆらぎ」をもっていることもわかってきました。空間がゆらぐとはどういうことでしょうか。

何もない空間から、突然、電子が飛び出します。そのそばには穴（陽電子）があいています。次の瞬間には、電子はもとの穴に落ち込んで、何もなくなります。つまり真空からは、粒子と反粒子が飛び出してきたり、その粒子と反粒子が合体して消滅したりという現象が、つねに生じているのです。

電子だけではありません。陽子や中性子にも反粒子がありますし、その陽子や中性子の内部でも、本来の3個のクォークの他に、新たなクォークと反クォークが同時に出現して、発生と消滅をくりかえしているようなのです。

目で見えるわけではないのですが、真空というものの内部ではつねに素粒子の発生と消滅がくりかえされ、バイブレーターのように振動しているのです（図15）。

クォーク説によれば、単一の粒子と考えられていた陽子は、3個のクォーク（アップ＋

アップ＋ダウン）で構成されているのですが、この3個のクォークが定常的に存在するのではなく、つねにべつのクォークと反クォークが生じて、その振動するクォークが、クォーク同士をくっつける接着剤の働きをしているという新しい学説が登場しました。

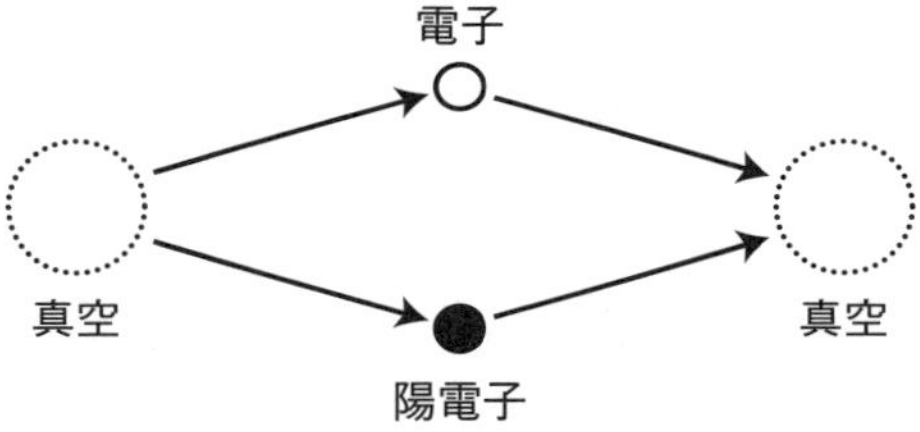

図15　真空の振動

湯川秀樹が、原子核内の原子同士をくっつける接着剤として想定したパイ中間子も、いまではこうして発生しては消滅していくクォークと反クォークが、パイ中間子と同じ機能をもって、粒子間にも働いていると考えられています。

クォーク説というのも、一種の仮説にすぎません。さまざまな現象をなるべくシンプルに説明しようとするさまざまな試みの中の一つの仮説にすぎないのです。クォーク説の出現によって、パイ中間子という仮説がまちがっていたということではないのです。

しかしとにかく、真空の中から素粒子が飛び出してくるということは実験で確認されていますし、真空というものが何もない空間ではなく、何かがいっぱいつまっていてたえず振動しているというのは、どうやら動かしがたい事実のようです。

真空そのものがたえず振動していて、そこから粒子が生まれてくる。これはまったく新しい世界観ですし、その後、次々と確認された新しい素粒子も、たえず真空と関わりながら、べつの粒子に崩壊したり、自分の反粒子と出会って消滅したり、一つとして安定な素粒子はないのだということが、しだいに明らかになってきました。

そしてついには、粒子という概念そのものが、一種の幻想なのかもしれないという見解が生まれてきました。

これについては、最後の章でお話しすることにしましょう。

エピローグ　わたしたちは宇宙の影を見ている

粒子という概念は幻想だったのか

デモクリトスが原子論を唱えた時は、真空の中にアトムという粒子が飛んでいるという画期的なイメージを提出しただけで、あまり細かいところまでは考えていなかったと思われます。しかしドルトンの場合は、少なくとも気体の原子（その多くは実は分子と呼ぶべきなのですが）は、丸い形の弾性をもった粒子であると考えていました。

丸くて弾性があるというのは、野球やテニスのボールのように、互いに衝突したり、壁（バットやラケットでもいいのですが）に当たったりしたら、ポーンと跳ね返るといったイメージですね。べちゃっとくっついたり、速度が急に落ちたりといったことがないということです。

ドルトンの考えには根拠がありました。シャルルやボイルの研究で、すべての気体が同じ性質をもっていることがわかっていたからです。圧力をかければ体積が縮み、温度を上げれば膨張する。しかも正確な反比例や正比例になっている。これは粒子が丸くて弾性をもっている証拠だと考えられていました。

ところが、実際の原子（および分子）は、ただの丸い粒子ではなく、複雑な構造をもっています。

すでにご紹介した（123ページ）ナトリウムと塩素の原子模型をもう一度見ていただきましょう（**図16**）。これは模式図ですから、このとおりに電子が並んでいるわけではありません。不確定性原理によって、素粒子の位置は特定することはできませんから、電子はぼんやりとした確率の雲となってこのあたりに分布しているということですが、とにかく原子核が電子の雲に包まれているということはまちがいありません。

気体の原子（あるいは分子）が接近すると、お互いにマイナスの電気を帯びた電子の雲をまとっていますから、近づけば反撥します。確かに電子の雲は丸く原子核をおおっていますし、電子どうしの反撥によって弾性があるように感じられます。

しかしそれは見かけだけのことで、原子を構成する陽子（および中性子）や電子が丸い粒なのかというと、この考えはいまでは否定されています。

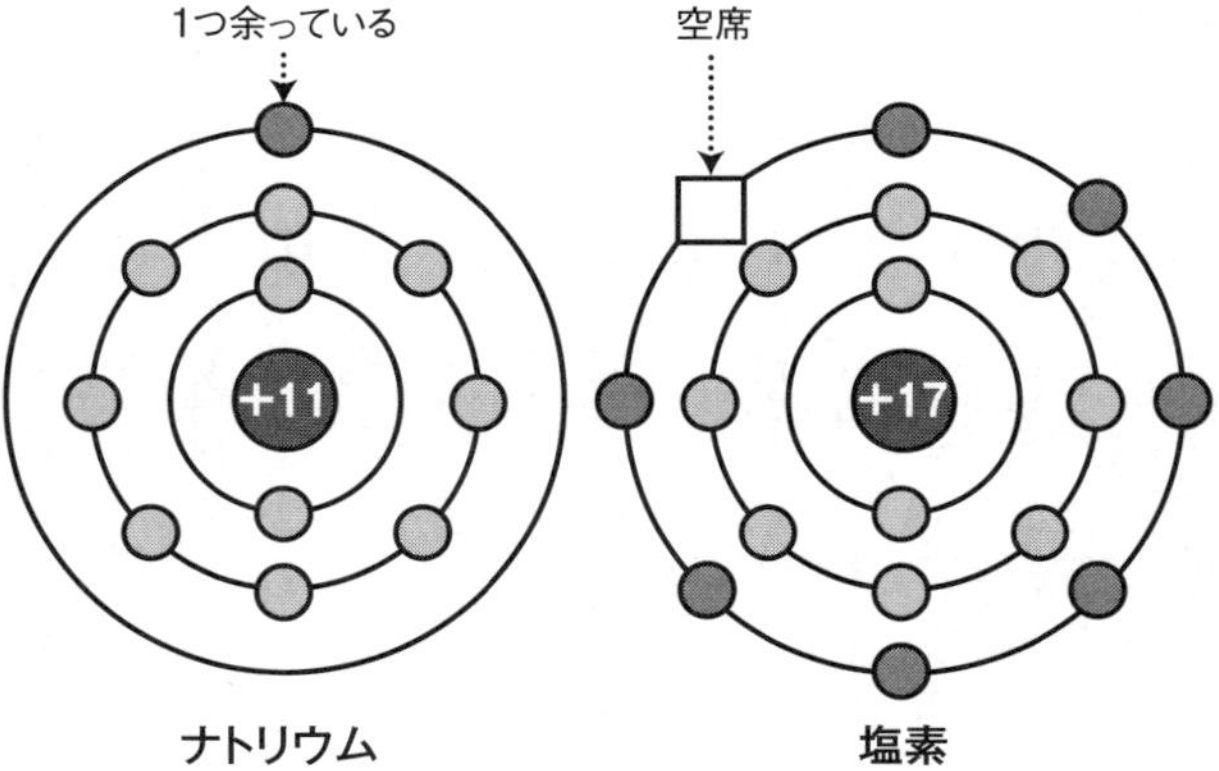

図16　ナトリウムと塩素

では素粒子は実際にはどんな形をしているのでしょうか。そもそも素粒子に形などというものがあるのでしょうか。

この問題を考えるために、まず光というもののお話をしましょう。光はエネルギーの塊ですので、粒子としてふるまうことがあります。光がエネルギーの塊だというのは、光がエネルギーを運搬するからです。早い話、太陽の表面から発散される大量の光が地球に到達して、地表や海を温めたり、植物の光合成で食物の生産を促進しているからこそ、わたしたちは存在することができるのです。では太陽の表面では、どのようにして光が発生しているのでしょうか。

太陽は巨大な核融合炉ですから大量のエネ

ルギーが放出されます。太陽の表面にあるのはほとんどが水素ですから、エネルギーはまず水素に貯えられます。先ほどの原子模型をもう一度見てください。電子はいくつかの軌道に配置されていますが、この模式図はエネルギーが最低レベルの状態を描いたもので、エネルギーを吸収すると、外側の電子はより外側の軌道に飛び上がっていきます。

水素の場合は電子が1つしかありませんから、もっと単純です。1つだけの電子が、エネルギーを吸収すると外側の軌道に移り、エネルギーを貯えます。太陽の表面の外部は冷たい宇宙空間に接していますから、水素の電子が貯えたエネルギーは宇宙空間に放出されます。電子が外側の軌道から内側の軌道に移動する時に、エネルギーの塊が飛び出してきます。これが光子です。

なぜ電子が軌道を変えると、光子が飛び出してくるのでしょうか。それは電子が運動すると磁場ができるからです。「場」の変化がエネルギーになるということは、すでにお話ししました。ファラデーの発電機と電動モーターの模式図もお示ししましたが、その図の発電機の部分だけをもう一度見ていただきましょう（図17）。

この図の左側の棒磁石を回転させると、「場」が連続的に変化しますので、右側の回路に電流が流れます。この図をよく見てください。棒磁石とコイルは回路で結ばれているわけではありません。お互いにまったく接触していないのです。つまり「場」の変化は、空間を伝わるということなのです。

それではこの棒磁石とコイルの間隔を離していくとどうなるでしょうか。「場」の変化は四方八方に広がります。ロウソクや電球の明かりも四方八方に広がりますから、距離が離れると暗くなります。それと同じように、「場」の変化がもたらすパワーも、距離が離れると弱まっていきます。しかし電磁石のパワーが強ければ、かなりの遠くまで「場」の変化は伝わるはずです。

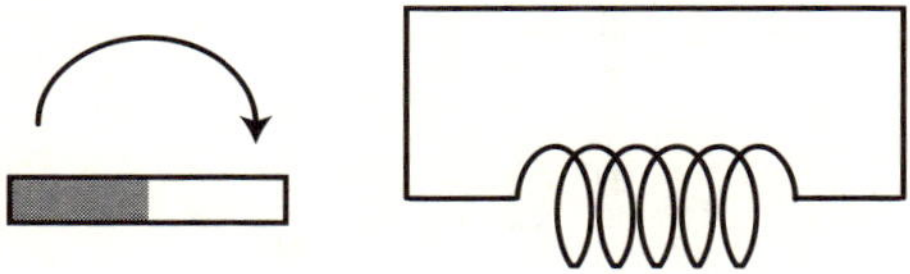

図17　発電器

実は皆さんのご家庭で、テレビが見られたり、ラジオが聞けたりするのは、スカイツリー（東京の場合）や、生駒山（大阪の場合）や、各地のラジオ局のアンテナから発信された「場」の変化が、空間を伝わって皆さんのご家庭のテレビアンテナや、ラジオのアンテナに伝えられているからなのです。空間を伝わっていく「場」の変化は、電磁波または電波と呼ばれています。

棒磁石を1秒間に1回転させると発生する「場」の変化を、

1ヘルツという単位で表します。AMラジオのダイアルを合わせる時に、ラジオ局ごとの周波数という数字を目安にしますが、その単位はキロヘルツです。NHK東京第一放送の場合は594キロヘルツですが（単位がキロですから0を3個つけてください）、それは1秒間に約60万回、棒磁石が回転しているということなのです。

ところで、棒磁石が1回転するというのは、N極とS極が反転しさらに元に戻るということですが、その「場」の変化が空間に伝わっていく時、その速度はどれほどでしょうか。これは光速と同じです。というよりも、光は電磁波の一種ですから、当然のことです。では、棒磁石が1秒に1回転して発生する電磁波の波長はどれほどでしょうか。棒磁石が回転し始めた瞬間に飛び出した電磁波は1秒後には30万キロ先に進んでいますから、波長も30万キロということになります。

それではNHK東京第一放送の電波の波長はどれほどでしょうか。30万キロを60万回で割ればいいので、0・5キロ、つまり500メートルということになります。波長が500メートルの波……。そんなものはどこが山とも谷ともいえず波とは認められないかもしれませんが、とにかく電波とはそういうものなのです。

同じラジオでもFM放送となると単位はメガヘルツになりますから波長は短くなります。

その先に電子レンジの中で放射されているマイクロウエーブがあり、体がぽかぽかする遠赤外線があり、赤から紫の可視光線があり、日焼けのもとになる紫外線、レントゲンで用いられるX線、そして放射性物質から発散されるガンマ線と、波長はどんどん短くなっていきます。

ガンマ線の波長は10ピコメートル以下です。ピコというのは、1メートルの千分の一がミリ、それからミクロン、ナノ、ピコですから、ものすごく小さいといっていいでしょう。それくらい小さくなると、もはや波動ではなく、エネルギーをもった粒子としてふるまうようになります。

かつては粒子だと考えられていた電子も、量子と呼ばれる確率の雲としてしか認識できない存在ですから、もはや電子と光子に決定的な性質の違いはないということになります。確かに電子は電荷を帯び、わずかながら質量をもっています。光子には電荷がなく、質量もありません。しかしさまざまな素粒子にはそれぞれに異なる性質があるので、光子も素粒子の一つと考えることができるのです。

そして逆に、電子にも波としての性質があります。光と同じように、短い間隔を置いてスリット（隙間）をあけた穴を電子が通過すると、光と同様の干渉縞を生じさせます。また原子核の周囲に分布している電子が、間隔をおいた軌道上にしか存在しないのは、定常波と呼ばれる波動特有の性質だと考えられています。電子もまた粒子と波の双方の性質をもっているのです。

それでは陽子もまた波としての性質をもっているのでしょうか。実は陽子を構成するクォークも、波動関数と呼ばれる数式によって性質が定められています。しかし数式というものは、あくまでも便宜的なもので、数式そのものが実態を示しているかというと、わたしはそうではないと考えています。

たとえばヒッパルコスの周転円などを用いた数式は、惑星の運行をほぼ正確に予測することができました。しかし周転円というものが実体として存在していたわけではありません。数式というのはあくまでも、仮説を説明するための便宜的な手段にすぎないのです。

「夢見る力」の可能性について

この本の余白も少なくなってきました。

わたしは数式を一切用いず、哲学としての宇宙論、あるいは認識論としての宇宙論について、語ってきたつもりです。

そして最後に、認識の不可能性というお話に到達しました。

この本のしめくくりとして、人間の認識能力の限界と、そこからさらに展開される想像力による「夢見る力」の可能性についてお話しして、この本のまとめとしたいと思います。

デモクリトスによる分割できない粒子としてのアトム（原子）という理念は、原子の内部構造が明らかになるなど、宇宙はそれほど単純ではないことがわかったのですが、宇宙空間や原子の内部に、時には粒子としてふるまい、時には波動としてエネルギーを伝える微小な存在があることは確かです。

わたしたちが日常的に体験する物理現象や化学変化は、陽子、中性子、電子と、波動としての光だけで説明できます。

しかし人類はもう百年以上にわたって素粒子の研究を続けてきました。陽子などの荷電した素粒子は電磁石（サイクロトロンなどの加速器）で加速できますので、素粒子どうしを高速で衝突させるという試みが続けられました。また太陽は巨大な核融合炉ですからさまざまな素粒子が出てきます。宇宙の彼方には、恒星の爆発やブラックホールや、ビッグバンのなごりの電磁波など、興味深い現象が満ちています。

加速器による実験や宇宙線の観測から、次々と未知の素粒子が発見されました。新たに発見された素粒子の多くは、壊れやすく、ほんの一瞬しかこの世に存在しないものです。壊れやすいからこそ、発見が難しかったのですが、そうした素粒子が壊れるとまた別の未知の素粒子になるといったこともあり、素粒子の種類は無限とも思われるほどに増大していくことになりました。

またわたしたちがよく知っている電子や、陽子を構成していると考えられているクォークも、たえず真空から粒子と反粒子が発生し、また対になって消滅していくということがわかってきました。「ゆく河の流れは絶えずしてしかももとの水にあらず」という『方丈記』の言葉は、素粒子の世界にもあてはまるようです。

確実な存在などといったものはどこにもなく、粒子と見えるものは幻影で、あるのは「場」の変化を伝える波動だけだということも可能です。「場」とは何かといえば、真空にそなわっている局所的な性質だとしかいいようがありません。部分的に振動したり、局所的に強い「場」を生じさせたりしている真空だけが、唯一の存在だと考えることもできます。

存在しているのは真空だけだ……。

このように話を進めてくると、一切は幻影であり空《くう》であるとする仏教の世界観に近くなる気もしますが、宇宙というのはただの幻影ではなく、きわめて緻密な法則性をもった存在であるというところに着目する必要があるでしょう。しかも人類がまだ究めていない法則がどこかに必ずひそんでいるはずなのです。

それは文字通り「ミステリー（語源は神の奥義《ミステリウス》です）」と呼ぶべき魅力的な謎です。その秘められた法則をとことんまで究め尽くすことが、《考える葦》としての人間の最上の喜びといえるのではないでしょうか。

だからこそ宇宙空間に打ち上げられたハッブル望遠鏡や、ハワイやアンデスの観測所など、巨費を投じて宇宙についての研究が続けられているのですし、巨大な加速器が建設されることになったのです。

宇宙や素粒子の研究がさらに進めば、宇宙の始まりに何が起こったのかという謎も、一つ一つ解き明かされていくことでしょう。すでにエネルギーがあれば真空から素粒子が生成するということはわかっています。宇宙の始まりのビッグバンにおいては、エネルギーから素粒子が生じるという現象が爆発的に起こったと考えることが可能です。しかしその細部のメカニズムが充分に解明されたわけではありません。中でも最も困難な問題は、質量というものがいかにして生じたのかという謎でしょう。

原初の宇宙は現在の宇宙の総エネルギーが一点に集中したような状態でした。エネルギーは光子という形で存在していたはずですが、光子には質量はありません。そこからいかにして質量というものが生じたのか、それが宇宙論を究めていく上での最大の課題となることでしょう。

原子の内部構造についての研究が始まった当初には、陽子の質量があらゆる物質のもとになると考えられていました。多くの原子や分子の質量が、水素の原子核（陽子）の整数倍になっていたからです。中性子は陽子よりも少し重いのですが、これはパイ中間子という中間の重さの素粒子を想定することで解決したかに見えました。

しかしその後の素粒子論の展開は、思いがけない方向に進んでいきました。素粒子は秤《はかり》に載せて重さを量るわけにはいきません。速度や到達距離から計算して質量を求めることになります。その計算結果が、時として信じがたいものになることがあります。

たとえば中性子のベータ崩壊にかかわるW粒子（ウィークボソン）と呼ばれる素粒子は、計算上、陽子の80倍ほどの質量ということになってしまいます。中性子そのものよりも数十倍も重い素粒子が、中性子の内部に含まれているというのは、まさに想像を絶した事態です。

陽子や中性子はアップとダウンという2種のクォークで構成されているということですが、加速器によるさまざまな実験結果を説明するためには、全部で6種のクォークが必要だと考えられています。そのうちのトップというクォークの質量は、アップの10万倍ほどにもなってしまいます。

もっと不思議なのは、アップは単独では電子の10倍、ダウンは20倍くらいの質量でしかないのに、アップ2個とダウン1個で構成された陽子の質量は、単純な足し算から予想される40倍ではなく、電子の千八百倍ほどの質量になってしまうのです。

このように、計算上、とんでもない質量が突如として出現してしまうのは、「対称性の破れ」と呼ばれる特異な状況が生じた結果なのですが、これも計算式で示される概念で、この数字の大きさにそれほどこだわる必要はありません。それよりも、そもそもアップやダウンと呼ばれるクォークになぜ質量があるのかということの方が、何としても解明しなければならない課題なのです。

質量というものは、わたしたちの日常生活では、地球による重力の作用だけを考えるので、「重さ」とほとんど同じものだと認識していればいいのですが、重力の作用を考える必要のない（重力は電磁気力に比べればあまりにも微弱です）素粒子の世界では、真空に対してどれほどの動きにくさをもっているか、というのがその本質です。

粒子というものは、真空に、接着剤のようなもので、へばりついているのです。

その接着剤のようなもの、すなわち粒子に質量を与えている未知の粒子として、すでに1964年に、イギリスの理論物理学者、ピーター・ヒッグス（1929〜）が、のちに「ヒッグス粒子」と呼ばれる仮想の粒子の存在を予言していました。

2012年になって、CERN（欧州原子核研究機構）がスイスとフランスの国境のあたりに設置したLHC（大型ハドロン衝突型加速器）による実験で、ヒッグス粒子らしき粒子を確認したと発表しました。

この大型加速器は、山手線一周ほどもある円形のチューブの中で、陽子などの荷電粒子を電磁石によって加速する実験装置です。光速に近いほどに加速した陽子を正面衝突させたらどうなるかというのが、科学者たちの課題でした。

光速近くまで加速された陽子は、相対性理論の予測に従って進行方向に向かって縮んで円盤状になっています。さらにこれも相対性理論によって、巨大な質量をもつことになります。

すると粒子ともいえなくなったその円盤状の物体が正面衝突した巨大なエネルギーの塊

（ビッグバンの最初の火の玉の中に近い状況）の内部では、トップクォークと反トップクォークが生成され、そこからヒッグス粒子が飛び出してくるのではと考えられています。

ヒッグス粒子が生成されるプロセスは、いろいろなケースが考えられているので、これは一例にすぎないのですが、生成したヒッグス粒子はたちまち2個のZ粒子（ウィークボソンの電荷のないもの）に分解し、さらにそのZ粒子はミュー粒子と反ミュー粒子に分解します。

ヒッグス粒子を発見したというのは、ヒッグス粒子そのものを確認したのではなく、予想されるプロセスによって最終的に生成されるミュー粒子などを観測したということにすぎないのですが、それでも大幅な前進といえるでしょう。

宇宙の始まりには何があったのか

1つの素粒子がべつの素粒子に分解し、さらにその素粒子がべつの素粒子に分解する。あるいは逆に、2つの素粒子が合体して、新たな素粒子が生まれる。その過程は複雑ですが、科学者たちは丹念にその軌跡を追い求め、そこに法則性を確立し、宇宙の根底にある原理を把握しようとつとめています。

宇宙にはまだわたしたちが認識していない隠された秘密があり、人類の知の進化とは、その隠された秘密の解明にあると、多くの科学者たちは信じているのでしょう。

真理を求めようとするのは、人間の本能といってもいい知へのあこがれですし、夢を追い求める欲求といってもいいのですが、多くの理論は数式によって提出されますので、新たな仮説をイメージでとらえることが難しくなっています。

その中でも、アインシュタインと同時代人だったドイツの数学者テオドール・カルツァ（1885〜1954）が提案した多次元構想はのちの科学者に大きな影響を与えました。彼はアインシュタインの一般相対性理論による「場」の理論を数式化するにあたって、宇宙には3次元の空間と時間という次元のほかに未知の次元があると考え、5次元の「場」の方程式を提出しました。この多次元構想は、スウェーデンの理論物理学者オスカル・クライン（1894〜1977）が3次元空間に住むわたしたちには感知されない余分の次元は小さく折りたたまれているという数学モデルを提出することによって、より多くの科学者に支持されるようになり、いまでは9次元、あるいは10次元（時間を加えれば11次元）のモデルが提出されています。

そうした高次元空間の中では、素粒子は粒子としてではなく、振動するヒモとしてとらえるべきだという新しい理論が出現して、超弦理論と呼ばれています。これは多くの科学者たちがほぼ同時期に提唱したのですが、その中心にあったのは日本の南部陽一郎（1921〜）です。南部はクォークの性質の一つである色価と呼ばれる指標について研究し、「対称性の破れ」と呼ばれる現象についても画期的な見解を示しましたが、ヒモ理論についても先導的な役割を果たしました。

南部の場合は原子核内で働く強い力の性質を表現した数式の解釈として、力が点ではなく振動するヒモ状の領域に働くと考えたのですが、これをさらに発展させたのが超弦理論です。

わたしはこの本の始めの方で、遊園地にあるティーカップという遊具のことをお話ししました。回転する円盤の上で、ティーカップの形をした座席が回転しています。ティーカップ自体も自転していますので、その動きは複雑です。さらにその座席の上で、ケータイのストラップをくるくる回転させているとしたら……。

ヒッパルコスはこの複雑な円運動の組み合わせで、惑星の動きを解明しようとしました。わたしはいま物理学者たちが試みている、数式による素粒子の解明というのも、似たような試みではないかと考えています。とにかく数式で、素粒子のふるまいを解析できれば、それで宇宙の原理が解明できたとする認識は、いわば砂上の楼閣のようなものではないでしょうか。

回転するティーカップの上でさらに回転するストラップの動きを、真横から眺めれば、きわめて複雑な振動に見えるでしょう。振動しているヒモに見えているものも、次元を高めて新たな視点を設定すれば、もう少し単純な、イメージしやすい運動に変換できるのかもしれません。

たとえばこんな想像をしてみてください。2次元の平面の上で活動している知的な生物がいます。いまその正体は不明だけれども、球の形状をした物体が、平面の上の方からやってきて、平面に近づいていきます。平面上の生物には、3次元の空間を見ることができませんから、球が近づいていることに気がつきません。

やがて球は、平面に接します。その接点は、確かに平面上に存在しますので、その生物は自分たちの世界に、にわかに点が発生したと認識して、驚くことでしょう（図18）。

球はさらに下降します。小さな点だったものが、円となり、しだいにその円が大きくなっていきます。球の直径が平面をよぎった時、円は最大となりますが、さらに球が下降すると、平面上の円は縮小し、ついには1点となり、その直後に平面上からは消失します。

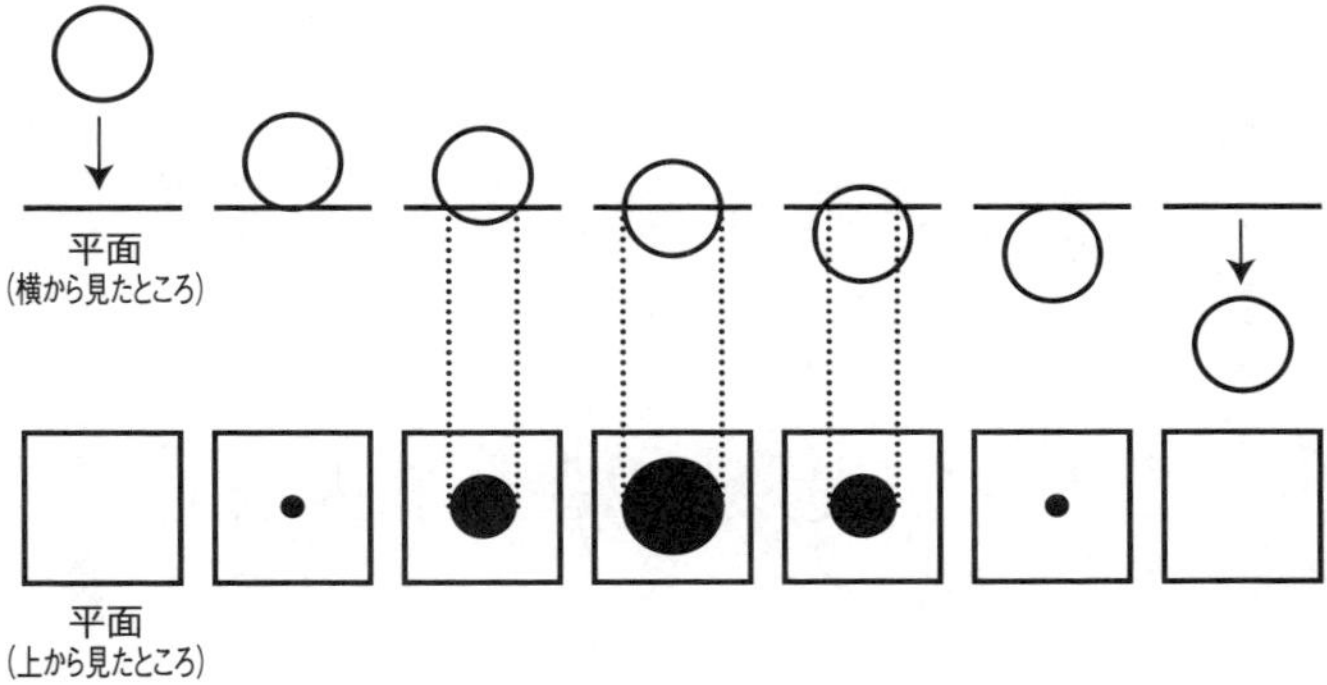

図18　平面を球が通過する

球はまだ平面の近くにあって、しだいに遠ざかっていくのですが、それは平面上の生物には見えません。

わたしたちは3次元の世界で生きているのですが、その世界で生成したり消滅したりするように見える素粒子は、より高次元の世界の影のようなものかもしれません。

物理学者たちは時に4番目の次元として、時間というものを数式に組み込むことがありますが、この時間というのは、縦、横、高さの3次元とは違って、方向性をもっています。時間は1つの方向にしか流れていかないのです。

この時間というものも、より高次元の世界から眺めれば、もっと複雑な運動をしているのかもしれません。

ビッグバン説を唱える物理学者たちは、宇宙の始まりには、ほとんど点といっていい小さな領域に、現在の宇宙のすべてのエネルギーが圧縮されていたと考えています。その火の玉が爆発膨張して、現在の宇宙となり、さらに膨張を続けているわけですが、その火の玉の発生を、より高い次元から眺めれば、どういうことになるのでしょうか。

わたしたちが、2次元の平面に住む生物が点や円の出現に驚くさまを想像するように、より高い次元の生物が、限られた次元の中で宇宙を認識しようとしているわたしたちを、どこかの高みから見下ろしているのかもしれません。

平面にへばりついている生物と同じように、わたしたちは、3次元の空間に囲い込まれている生物です。

宇宙というものが、より高い次元にまたがって存在しているのだとしたら、わたしたちがいま見ているものは、宇宙の影にすぎないのです。

それでも、わたしたちには、想像力があります。3次元空間をよぎっていく、より高い次元の存在を、イメージによって推察することが可能です。

わたしがこの本で語ってきた科学者たちの想像力を想い起こしてください。新奇な仮説を提出する彼らの意欲を、これからも称賛し続けたいと思います。

この本を閉じるにあたって、そもそもの宇宙の始まりについての、「夢」といってもいい新奇な理論を2つ紹介することにしましょう。

1つは筋萎縮性側索《そくさく》硬化症による車椅子の科学者として有名な、イギリスのスティーヴン・ホーキング（1942〜）が提唱している「ベビーユニバース」です。

数学の分野には虚数（複素数）という領域があります。たとえば同じ数を4回掛け合わせると1になる数について考えてみてください。まずは1という答えが思いうかびます。

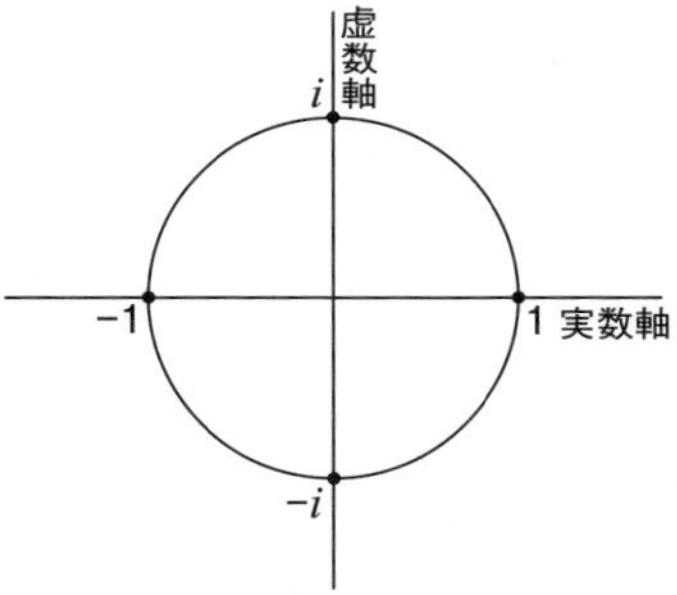

図19　複素数平面
（x^4=1の解が円周を4等分する）

次に−1というのも答えでしょう。−1と−1をかければ1になりますから、4回かければ1になりますね。

ここから先が虚数の世界です。iという想像上の数を想定して、iとiを掛けると−1になると考えるのです。これは想像上の数ですから、具体的な数値をもっているものではありませんが、この数は4回掛けると1になります（図19）。

さらにこのiという数を想定するだけで、それまで解けなかった方程式が解けるようになり、横軸に実数をとり、縦軸にｉに実数をかけた数をとる（複素数平面）と、それまでは不可能とされていた正17角形の作図が可能になるなど、解析幾何学の領域が一挙に拡大しました。虚数というものは近代数学ではなくてはならない数になっています。

ホーキングは宇宙の発生に関する時間軸に虚時間というものを導入することにより、無から有が生じるような、ベビーユニバースの誕生の経緯を数学的に表現した理論を提出しました。無から有が生み出されるというのは、わたしたちの想像力を超えているのですが、虚数を用いた数式は、そういうこともあるかもしれないと無言で語っているのです。

このベビーユニバースに対して、初期宇宙の進化について、インフレーション宇宙論などの画期的な理論を提出した日本の佐藤勝彦（１９４５〜）は、われわれの宇宙は無から生じたのではなく、原初的な宇宙（マザーユニバース）から同時多発的に発生した小さな宇宙（チャイルドユニバース）の一つだというアイデアを提出しました。

わたしたちの宇宙はただ一つの存在ではなく、母親もいれば兄弟もいるということですね。ただし、わたしたちの宇宙は閉じているので、母親とも兄弟とも交信不能です。そうかもしれないとは思うものの、別の宇宙の存在を証明することはできません。それにしても、わたしたちの宇宙が無から生じた孤独な存在ではなく、どこかに仲間がいると考えることは、人間の想像力に希望を与えてくれるような気がします。

これからも、新しい理論は次々と提出されることでしょう。

結局のところ、わたしたちは宇宙の影しか見ることができないのかもしれません。それでもわたしたちはその宇宙の影を見つめ、仮説を立て、想像し、イメージを広げることで、宇宙そのものの実体に迫ろうとしているのです。

わたしたちは《考える葦》です。

最後にもう一度、ブレーズ・パスカルを引用して、この本を閉じたいと想います。


人間は自然の中で最も弱い一本の葦でしかない。しかし人間は考える葦である。人間を倒すのに宇宙は武器を必要としない。一陣の風、一滴の水が、人間の命を奪う。だが宇宙が人間を滅ぼす時、人間は宇宙より高貴である。なぜなら人間は自分が限られた命しかないことを知っている。人間の無力と、宇宙の偉大さを知っている。宇宙は人間について、何も知らない。

図版／加賀美康彦

三田誠広　みた・まさひろ
1948年、大阪府生まれ。早稲田大学文学部卒。77年『僕って何』で芥川賞受賞。早稲田大学文学部客員教授を経て、武蔵野大学文学部教授。日本文藝家協会副理事長。日本ペンクラブ理事。『ダ・ヴィンチの謎 ニュートンの奇跡』(祥伝社新書)、『原子への不思議な旅』(サイエンス・アイ新書)、『実存と構造』(集英社新書)など著書多数。

朝日新書
424
数式《すうしき》のない宇宙論《うちゅうろん》
ガリレオからヒッグスへと続く物語

2013年9月30日第1刷発行

著者　三田誠広

発行者　市川裕一
カバーデザイン　アンスガー・フォルマー　田嶋佳子
印刷所　凸版印刷株式会社
発行所　朝日新聞出版
〒104-8011　東京都中央区築地5-3-2
電話　03-5541-8832(編集)
　　　03-5540-7793(販売)

Published in Japan by Asahi Shimbun Publications Inc.
ISBN 978-4-02-273524-9
定価はカバーに表示してあります。

地方にこもる若者たち
都会と田舎の間に出現した新しい社会
阿部真大

若者はいつから東京を目指さなくなったのか？　都会と田舎の間に出現した地方都市の魅力とは？　若者が感じている幸せと将来への不安とは？　気鋭の社会学者が岡山での社会調査などをもとに、地方から若者と社会を捉え直した新しい日本論。

太陽　大異変
スーパーフレアが地球を襲う日
柴田一成

「太陽の大爆発・スーパーフレアが生物種大量絶滅を起こした？」「銀河中心爆発の謎は太陽に隠されている」——。世界的科学誌「Nature」の査読者も恐れる論文を発表した太陽物理学の権威が、太陽と宇宙の謎に迫る科学的興奮の一冊。

キャリアポルノは人生の無駄だ
谷本真由美

自己啓発書を「キャリアポルノ」と呼び、その依存症が日本の労働環境の特殊性からくることを欧米と比較しつつ毒舌とユーモアたっぷりに論じ、疲れぎみの若者にエールを送る。twitter界のご意見番、May_Romaさんの初新書！

迷ったら、二つとも買え！
シマジ流　無駄遣いのススメ
島地勝彦

シングルモルト、葉巻、万年筆……。趣味・道楽に使ったお金は「シ千万円」!?　柴田錬三郎や今東光、開高健らの薫陶を受けた元『週刊プレイボーイ』編集長が語る、体験的「浪費」論。無駄遣いこそがセンスを磨き、教養を高め、友情を育むのだ！

天職
秋元　康
鈴木おさむ

あなたは今の仕事を天職だと思えますか？　放送作家の先輩・後輩としてリスペクトし合う2人が、「天職」で活躍し続けられる理由を徹底的に語る。ＡＫＢ48はなぜ生まれたのか、ヒット作を出し続けるには。仕事に悩む全ての人に送る、魂の仕事論。

増補　池上彰の政治の学校
池上　彰

あの池上さんは、安倍政権をどう見ているか。アベノミクス、日銀との関係、憲法改正の行方……。夏の参院選を前に、13万部突破のベストセラー本の増補版を緊急出版！　政治の基礎、日本の「今」がわかる。投票前の必読書！

朝日新書

伊勢神宮
日本人は何を祈ってきたのか

三橋 健

江戸時代、「せめて一生に一度」と歌われたお伊勢参り。式年遷宮にあたる今年、ブームは再燃している。日本人にとって伊勢神宮とは何か。なぜ人々は伊勢を目指すのか。歴史と神話の息づく至高の聖地を神道学者がやさしく解説。カラー口絵つき。

プロ野球、心をつかむ！ 監督術

永谷 脩

組織の強弱を決めるのは、トップリーダーの指導力！ プロ野球の名将は、いかにして選手の心をつかみ、チームを奮い立たせたか!? 熱血派、非情派、知性派――歴代監督の系譜と言葉のなかに人心掌握術の秘密を探る。名将と愚将は、何が違う!?

教師の資質
できる教師とダメ教師は何が違うのか?

諸富祥彦

大津中2いじめ事件でのずさんな対応、体罰、人権侵害まがいの暴言……教師の問題が大きく浮かび上った今、本当に求められる資質とは何なのか。「教師を支える会」代表として、全国の学校の問題に取り組む著者が、その基本となる教師像を説く。

新幹線とナショナリズム

藤井 聡

敗戦後、自信を失っていた日本人に希望を与え、ナショナルプライド復活に大きな力となった夢の超特急、「新幹線」。鉄道や道路などのインフラを整備して国家を発展させた海外の例なども交えながら、ナショナルシンボルとしての新幹線を論じる。

大便力
毎朝、便器を覗く人は病気にならない

辨野義己

うんち博士として名高い著者が、腸と健康の親密な関係を解説。約1200人の便を解析した結果、腸内細菌のパターンを八つに分類した。冒頭に収録したフローチャートから自分のパターンを知ることで、かかりやすい病気や自分の健康状態がわかる！